教育部职业教育与成人教育司推荐教材
中国—澳大利亚（重庆）职业教育与培训项目
中等职业教育建筑工程施工专业系列教材

钢筋工 （第二版）

总　主　编　　江世永
执行总主编　　刘钦平
主　　　编　　韩业财　况　敏
副　主　编　　李凯
参　　　编　　龙洋

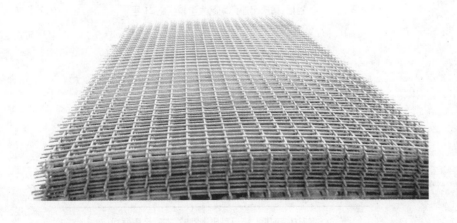

重庆大学出版社

内 容 提 要

　　本书是中等职业教育建筑工程施工专业系列教材之一。本书共分7章,主要内容包括钢筋工程识图基本知识,钢筋的技术性能和保管,钢筋的计算与配料,钢筋的加工、连接和绑扎安装,钢筋班组的管理,钢筋工程的质量检验与验收,安全技术等。

　　本书可作为中等职业学校工业与民用建筑专业的教材,也可作为中级钢筋工的培训教材。

图书在版编目(CIP)数据

钢筋工/韩业财,况敏主编. —2版. —重庆:
重庆大学出版社,2015.8
中等职业教育建筑工程施工专业系列教材
ISBN 978-7-5624-9074-6

Ⅰ.①钢… Ⅱ.①韩…②况… Ⅲ.①建筑工程—钢筋
—工程施工—中等专业学校—教材 Ⅳ.①TU755.3

中国版本图书馆 CIP 数据核字(2015)第 102103 号

教育部职业教育与成人教育司推荐教材
中国-澳大利亚(重庆)职业教育与培训项目
中等职业教育建筑工程施工专业系列教材

钢 筋 工
(第二版)

总 主 编　江世永
执行总主编　刘钦平
主　　编　韩业财　况　敏
副 主 编　李 凯

责任编辑:范春青　刘颖果　　版式设计:范春青
责任校对:关德强　　　　　　责任印制:赵　晟

*

出版人:邓晓益
社址:重庆市沙坪坝区大学城西路 21 号
邮编:401331
电话:(023)88617190　88617185(中小学)
传真:(023)88617186　88617166
网址:http://www.cqup.com.cn
邮箱:fxk@ cqup.com.cn(营销中心)
全国新华书店经销
重庆华林天美印务有限公司印刷

*

开本:787×1092　1/16　印张:12.75　字数:318千
2015 年 8 月第 2 版　2015 年 8 月第 7 次印刷
印数:9 116—13 000
ISBN 978-7-5624-9074-6　定价:27.00元(含1CD)

序　言

建筑业是我国国民经济的支柱产业之一。随着全国城市化进程的加快,基础设施建设急需大量的具备中、初级专业技能的建设者。这对于中等职业教育的建筑专业发展提出了新的挑战,同时也提供了新的机遇。根据《国务院关于大力推进职业教育改革与发展的决定》和教育部《关于〈2004—2007 年职业教育教材开发编写计划〉的通知》的要求,我们编写了中等职业教育工业与民用建筑专业教育改革实验系列教材。

目前我国中等职业教育的工业与民用建筑专业所用教材,大多偏重于理论知识的传授,内容偏多、偏深,在专业技能方面的可操作性不强。另一方面,现在的中职学生文化基础相对薄弱,对现有教材难以适应。在教学过程中,普遍反映教师难教、学生难学。为进一步提高中等职业教育教学水平,在大量调查研究和充分论证的基础上,我们组织了具有丰富教学经验和丰富工程实践经验的双师型教师和部分高等院校教师以及行业专家,编写了这套工业与民用建筑专业系列教材,本系列教材的大部分作者直接参与了中澳(重庆)职教项目,他们既了解中国的国情,又掌握了澳大利亚先进的职教理念。在本系列教材中充分反映了中澳(重庆)职教项目多年合作的成果。部分教材已试用多年,效果很好。

中等职业教育工业与民用建筑专业毕业生就业的单位主要面向施工企业。从就业岗位来看,以建筑施工一线管理和操作岗位为主,在管理岗位中施工员人数居多;在操作岗位中钢筋工、砌筑工需求量大。为此,本系列教材将培养目标定位为:培养与我国社会主义现代化建设要求相适应,具有综合职业能力,能从事工业与民用建筑的钢筋工、砌筑工等其中一种的施工操作,进而能胜任施工员管理岗位的中级技术人才。

本套系列教材编写的指导思想是:充分吸收澳大利亚职业教育先进思想,体现现代职业教育先进理念。坚持以社会就业和行业需求为导向,适应我国建筑行业对人才培养的需求;适合目前中职教育教学的需要和中职学生的学习特点;着力培养学生的动手和实践能力。在教材编写过程中,遵循"以能力为本位,以学生为中心,以学习需求为基础"的原则。在内容取舍上坚持"实用为准,够用为度"的原则,充分体现中职教育的特点和规律。

本系列教材编写具有如下特点:

1. 采用灵活的模块化课程结构,以满足不同学生的需求。系列教材分为两个课程模块:通用模块、岗位模块(包括管理岗位和操作岗位两个模块),学生可以有选择性地学习不同的模块课程,以达到不同的技能目标来适应劳动力市场的需求。

2. 知识浅显易懂，精简理论阐述，突出操作技能。突出操作技能和工序要求，重在技能操作培训，将技能进行分解、细化，使学生在短时间内能掌握基本的操作要领，达到"短、平、快"的学习效果。

3. 采用"动中学""学中做"的互动教学方法。系列教材融入了对教师教学方法的建议和指导，教师可根据不同资源条件选择使用适宜的教学方法，组织丰富多彩的"以学生为中心"的课堂教学活动，提高学生的参与程度，坚持培养学生能力为本，让学生在各种动手、动口、动脑的活动中，轻松愉快地学习，接受知识，获得技能。

4. 表现形式新颖、内容活泼多样。教材辅以丰富的图标、图片和图表。图标起引导作用，图片和图表作为知识的有机组成部分，代替了大篇幅的文字叙述，使内容表达直观、生动形象，能吸引学习者兴趣。教师讲解和学生阅读两部分内容，分别采用不同的字体以示区别，让师生一目了然、清晰明白。

5. 教学手段丰富、资源利用充分。根据不同的教学科目和教学内容，教材中采用了如录像、幻灯、实物、挂图、试验操作、现场参观、实习实作等丰富的教学手段，并建立了资源网站，有利于充实教学方法，提高教学质量。

6. 注重教学评估和学习鉴定。每章结束后，均有对教师教学质量的评估、对学生学习效果的鉴定方法。通过评估、鉴定，师生可得到及时的信息反馈，以利不断地总结经验，提高学生学习的积极性、改进教学方法，提高教学质量。

本系列教材可以供中等职业教育工业与民用建筑专业学生使用，也可以作为建筑从业人员的参考用书。

该系列教材在编写过程中得到重庆市教育委员会、后勤工程学院、重庆市教育科学研究院和重庆市建设岗位培训中心的指导和帮助，尤其是重庆市教育委员会刘先海、张贤刚、谢红，重庆市教育科学研究院向才毅、徐光伦等为本系列丛书的出版付出了艰辛劳动。同时，本系列丛书从立项论证到编写阶段都得到澳大利亚职业教育专家的指导和支持，在此表示衷心的感谢！

江世永

2007 年 8 月于重庆

钢筋工
GANGJINGONG

前　言

本课程是中等职业教育工业与民用建筑专业的一门操作岗位课程,目的是培养能从事工业与民用建筑的技术复合型人才,既可从事中级管理岗位工作,又可从事钢筋绑扎、安装等的中级技术工种——钢筋工。其任务是使读者了解钢筋工程的基本知识,掌握各种钢筋混凝土结构中钢筋骨架的施工方法和质量检验与验收要求。

本书是根据中澳(重庆)职业教育和培训合作项目,课程设计与教材开发的指导性文件《建筑专业(施工员)课程框架》中核心能力标准《CPC 00024A—27A 钢筋工》,并结合现行建筑行业的国家标准、规范、职业技能鉴定等级标准等编写而成的教材。

本教材借鉴了澳大利亚职业教育先进理念,遵循"以能力为本位,以学生为中心,以学习需求为基础的原则",理论以够用为度,重点突出操作技能的训练要求,注重实用与实效,力求文字深入浅出,通俗易懂,图文并茂;注重更新教学内容,删除了与新规范不符合的内容,增加与之相适应的新内容;注重理论与实践相结合,让学生在实践中加强对理论知识的理解和记忆;注重采用以能力为基础的培训模式和以学生为中心的教学方式,通过采用多种活动,以达到培养目标。

本书共分 7 章,主要内容包括钢筋工程识图基本知识,钢筋的技术性能和检验保管,钢筋的配料计算,钢筋的加工、连接和绑扎安装,以及钢筋班组的管理,钢筋工程的质量检验与验收,安全技术等知识。每一章都包含了理论、实习实作、学习鉴定、教学活动建议等内容。

本书可作为中等职业教育工业与民用建筑专业中级管理岗位和中级技术工种及相关教学培训用书。本书建议教学时数为 116 学时。

章　次	学时数		章　次	学时数	
	理论	实作		理论	实作
第 1 章	8	4	第 5 章	12	12
第 2 章	8	6	第 6 章	12	16
第 3 章	10	4	第 7 章	6	2
第 4 章	10	6			
小计	36	20	小计	30	30

本书由重庆工商学校韩业财、况敏任主编,负责全书的统稿、定稿工作。第 2,3 章由况敏编写;第 1 章 1.2 节,第 7 章由重庆工商学校李凯编写;第 1 章 1.1 节由重庆江南职业学校龙洋编写;第 4,5,6 章由韩业财编写。

钢筋工
GANGJINGONG

前　言

　　本书在编写过程中,得到重庆市教育委员会,中澳(重庆)职业教育和培训合作项目办公室,重庆工商学校,重庆大学出版社的领导、编辑和有关同志的大力支持与帮助,在此表示衷心的感谢。

　　由于编者水平有限,书中的缺点、错误和不足之处在所难免,衷心希望广大读者批评指正。

编　者

2015 年 3 月

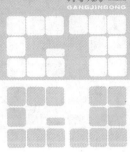

目 录

1 钢筋工程识图基本知识 …………………………………… 1
1.1 构件配筋图的识读 ……………………………………… 2
1.2 平法设计识图 …………………………………………… 9
学习鉴定 ……………………………………………………… 21
实习实作 ……………………………………………………… 23
教学评估 ……………………………………………………… 25

2 钢筋的基本知识 …………………………………………… 27
2.1 钢筋的技术性能及其分类 ……………………………… 28
2.2 钢筋的保管 ……………………………………………… 34
学习鉴定 ……………………………………………………… 35
实习实作 ……………………………………………………… 37
教学评估 ……………………………………………………… 38

3 钢筋的计算与配料 ………………………………………… 39
3.1 钢筋计算的基础知识 …………………………………… 40
3.2 钢筋的配料 ……………………………………………… 50
学习鉴定 ……………………………………………………… 61
实习实作 ……………………………………………………… 62
教学评估 ……………………………………………………… 62

4 钢筋的加工 ………………………………………………… 65
4.1 钢筋的冷加工 …………………………………………… 66
4.2 钢筋的调直与除锈 ……………………………………… 72
4.3 钢筋的切断 ……………………………………………… 76
4.4 钢筋的弯曲 ……………………………………………… 78
4.5 质量检验及安全措施 …………………………………… 87
学习鉴定 ……………………………………………………… 93
实习实作 ……………………………………………………… 95
教学评估 ……………………………………………………… 96

5　钢筋的连接 ……………………………………………… 97
　5.1　钢筋的焊接 ………………………………………… 98
　5.2　钢筋的机械连接 …………………………………… 118
　5.3　钢筋连接质量的检查与验收 ……………………… 127
　学习鉴定 ………………………………………………… 134
　实习实作 ………………………………………………… 135
　教学评估 ………………………………………………… 136

6　钢筋的绑扎与安装 ……………………………………… 137
　6.1　钢筋的绑扎安装工艺 ……………………………… 138
　6.2　钢筋网、钢筋骨架的预制及安装 ………………… 158
　6.3　质量检验与验收及安全技术 ……………………… 162
　学习鉴定 ………………………………………………… 169
　实习实作 ………………………………………………… 171
　教学评估 ………………………………………………… 173

7　钢筋班组管理 …………………………………………… 175
　7.1　钢筋班组管理的作用与内容 ……………………… 176
　7.2　钢筋班组的技术管理 ……………………………… 177
　7.3　钢筋班组的质量管理 ……………………………… 181
　7.4　钢筋班组的安全、成本和料具管理 ……………… 184
　学习鉴定 ………………………………………………… 189
　实习实作 ………………………………………………… 190
　教学评估 ………………………………………………… 191

附录 ………………………………………………………… 192
　教学评估表 ……………………………………………… 192

参考文献 …………………………………………………… 194

1 钢筋工程识图基本知识

本章内容简介

建筑工程施工图的表示方法及种类

钢筋标注形式及符号、图例等有关规定

梁、板、柱配筋图的识读

平法标注的相关知识

本章教学目标

了解建筑工程施工图的表示方法

能识读梁、板、柱等的钢筋工程施工图

能识读简单的平法制图

能看懂钢筋工程中较复杂的施工图、大样图

问题引入

钢筋工程不但操作性很强,而且也是一种技术性很强的工种,必须按照建筑工程施工图的要求对钢筋进行加工和安装,因此就要求施工操作人员具有一定的识图能力,以提高工作效率,更好地完成本职工作。那么,什么是建筑工程施工图?如何才能读懂建筑工程施工图呢?下面,就带大家一起去识读建筑工程施工图。

1.1 构件配筋图的识读

1.1.1 建筑工程施工图

1)建筑工程施工图的含义

建筑工程施工图是一种能够准确表达建筑物的外形轮廓、尺寸大小、结构形式、构造方法和材料做法的图样。

2)建筑工程施工图的作用

施工图是沟通设计与施工的桥梁和纽带,是工程技术人员交流的语言,是指导施工和形成建筑产品的依据。工程技术人员要准确完成施工中的各道工序,首要的就是看懂建筑工程施工图。

3)建筑工程施工图的分类

按专业分工的不同,建筑工程施工图一般分为建筑施工图、结构施工图和设备施工图,见表1.1。

表1.1 建筑工程施工图分类

施工图类别	内 容	图 纸
建筑施工图（简称"建施"）	主要说明建筑物的总体布局、外部造型、内部布置、细部构造、装饰装修和施工要求等	总平面图、建筑平面图、建筑立面图、建筑剖面图、建筑详图等
结构施工图（简称"结施"）	主要说明建筑的结构设计内容,包括结构构造类型,结构的平面布置,构件的形状、大小、材料要求等	结构平面布置图、构件详图等
设备施工图（简称"设施"）	包括给水、排水、采暖通风、电气照明和设备安装等各种施工图	主要有平面布置图、系统图等

4)建筑工程施工图的编排顺序

建筑工程施工图的一般编排顺序是:图纸目录→总说明→建筑施工图→结构施工图→设备(水暖电)施工图。

各专业的施工图,应按图纸内容的总体和局部及施工的先后关系进行排列。例如,在一套建筑工程施工图中,结构平面布置图在前、构件图在后,底层平面布置图在二层平面布置图的前面等。

对于钢筋工来讲,主要是学会识读结构施工图。

观察思考

1. 到建筑工地看看建筑工程施工图纸是否由上述几个部分组成?

2. 对于钢筋工来讲,是否只识读结构施工图就能满足顺利施工的要求?

练习作业

什么是建筑工程施工图? 它分为哪几类?

1.1.2　钢筋工程施工图的一般表示方法

1)建筑制图标准的相关规定

为统一并保证图纸的质量,便于设计和施工,国家对于施工图的表示方法有统一规定。

(1)标题栏　如图1.1所示,标题栏位于图纸的右下角,其作用是标明工程的名称、图名、图别、图号、设计单位等。对于我们来讲,最大的用处是在查找某张图纸时,可以从中查到所需查阅图纸的图号,并根据图号,能迅速地找到所需的图纸。其格式如图1.2所示。

(2)定位轴线

①定义:定位轴线是用来确定房屋主要结构与构件位置的线。凡是承重墙、柱子、梁或屋架等主要承重构件,均应画出轴线以确定其位置。

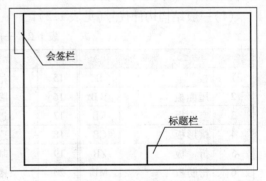

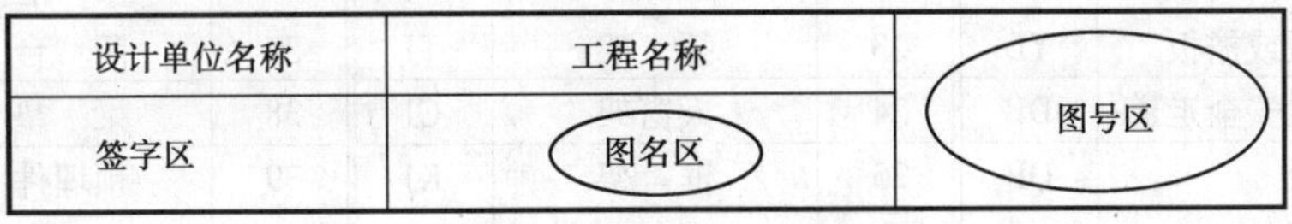

图1.1　图纸样式

设计单位名称	工程名称	图号区
签字区	图名区	

图1.2　标题栏格式

②定位轴线的表示方法:

a. 水平方向用阿拉伯数字自左向右顺序编号;垂直方向用大写拉丁字母自下而上编号,但字母I,O,Z不能用作轴线编号。

b.对于次要构件的位置,可采用附加定位轴线表示。附加定位轴线号用分数标注。编号用阿拉伯数字,其规则是:两根轴线之间的附加定位轴线,分母表示前一轴线的编号,分子表示附加轴线的编号,如图1.3所示。

表示2号轴线以后 附加的第1根轴线 表示C号轴线以后 附加的第3根轴线 表示1号轴线之前 附加的第1根轴线 表示A号轴线之前 附加的第2根轴线

图1.3 附加轴线编号

(3)标高

①定义:建筑物某一部位与确定的水准基点之间的高差,称为该部位的标高。

②标高标注:标高符号的尖端应指向被注高度的位置,尖端一般应向下,也可以向上(标注底面的标高)。标高数字应注写在尖头的左右两侧,如图1.4(a)所示。在图样的同一位置需要表示几个不同标高时,可按图1.4(b)所示注写。

③图样上的单位:除总平面图和标高以m为单位外,其余均以mm为单位。

(a)   (b)

图1.4 标高标注

2)构件代号及钢筋画法

在结构施工图中需要注明构件的名称,常采用代号表示。构件代号通常以构件名称的汉语拼音的第一个大写字母表示。

(1)一般结构构件代号(见表1.2)

表1.2 一般结构构件代号

序号	名 称	代号	序号	名 称	代号	序号	名 称	代号
1	板	B	15	吊车梁	DL	29	基 础	J
2	屋面板	WB	16	圈 梁	QL	30	设备基础	SJ
3	空心板	KB	17	过 梁	GL	31	桩	ZH
4	槽形板	CB	18	连系梁	LL	32	柱间支撑	ZC
5	折 板	ZB	19	基础梁	JL	33	垂直支撑	CC
6	密肋板	MB	20	楼梯梁	TL	34	水平支撑	SC
7	楼梯板	TB	21	檩 条	LT	35	梯	T
8	盖板或沟盖板	GB	22	屋 架	WJ	36	雨 篷	YP
9	挡雨板或檐板	YB	23	托 架	TJ	37	阳 台	YT
10	吊车梁安全走道	DB	24	天窗架	CJ	38	梁 垫	LD
11	墙 板	QB	25	框 架	KJ	39	预埋件	M
12	天沟板	TGB	26	刚 架	GJ	40	天窗端壁	TD
13	梁	L	27	支 架	ZJ	41	钢筋网	W
14	屋面梁	WL	28	柱	Z	42	钢筋骨架	G

（2）钢筋符号及其标注方法

①在钢筋混凝土构件中，都配有钢筋,常用不同的符号表示钢筋的牌号、级别和类型,见表1.3。

表1.3　常用钢筋种类符号

钢筋牌号	符号	钢筋牌号	符号
HPB300 级钢筋	Φ	CRB 冷轧带肋钢筋	ΦR
HRB335 级钢筋	Φ	刻痕钢丝	ΦI
HRB400 级钢筋	Φ	钢绞线	Φs
HRB500 级钢筋	Φ	热处理钢筋	ΦHT
RRB400 级钢筋	ΦR	冷轧扭钢筋	ΦN

②在构件配筋图中，要标出钢筋的种类、直径、根数和相邻钢筋中心距,一般采用引出线方式标注。其标注方式有两种:标注钢筋种类、根数和直径;标注钢筋种类、直径和相邻钢筋中心距。

③常用钢筋图例见表1.4～表1.6。

表1.4　常用钢筋图例

序　号	名　　称	图　例	说　　明
1	钢筋横断面	●	—
2	无弯钩的钢筋端部		下图表示长、短钢筋投影重叠时,短钢筋的端部用45°斜画线表示
3	带半圆形弯钩的钢筋端部		—
4	带直钩的钢筋端部		—
5	带丝扣的钢筋端部		—
6	无弯钩的钢筋搭接		—
7	带半圆弯钩的钢筋搭接		—
8	带直钩的钢筋搭接		—
9	花篮螺丝钢筋接头	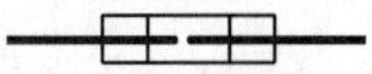	—
10	机械连接的钢筋接头		用文字说明机械连接的方式(如冷挤压或直螺纹等)

表 1.5　钢筋网片图例

序　号	名　称	图　例
1	一片钢筋网平面图	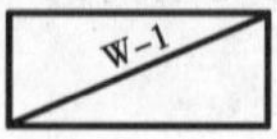 W-1
2	一行相同的钢筋网平面图	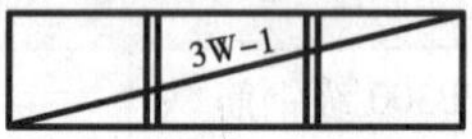 3W-1

注：用文字注明焊接网或绑扎网。

表 1.6　钢筋画法

序　号	图　例	说　明
1	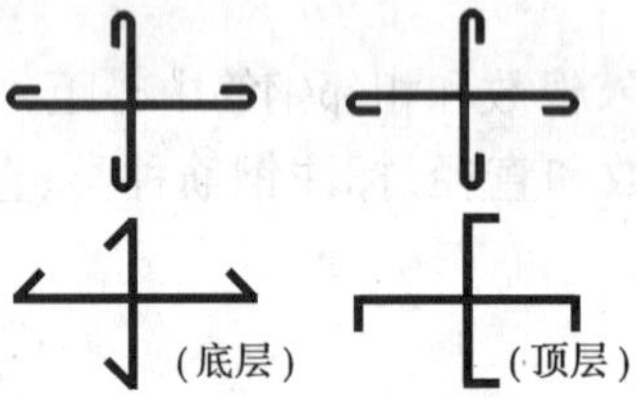 (底层) (顶层)	在结构楼板中配置双层钢筋时，底层钢筋的弯钩应向上或向左，顶层钢筋的弯钩则向下或向右
2	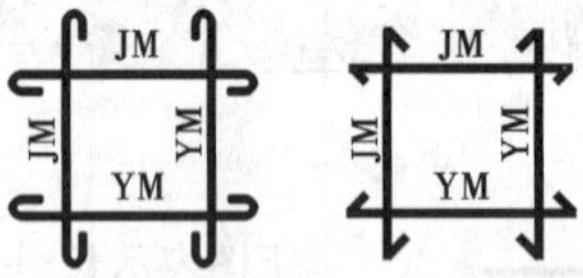 JM JM YM YM JM JM YM YM	钢筋混凝土墙体配双层钢筋时，在配筋立面图中，远面钢筋的弯钩应向上或向左，而近面钢筋的弯钩向下或向右(JM 近面，YM 远面)
3	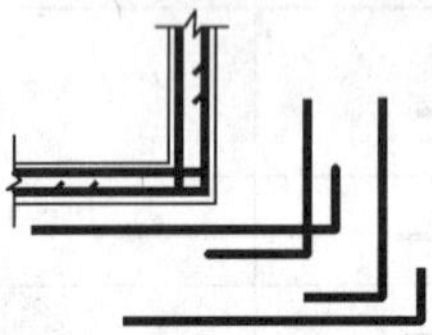	若在断面图中不能表达清楚钢筋的布置，应在断面图外增加钢筋大样图(如：钢筋混凝土墙、楼梯等)
4	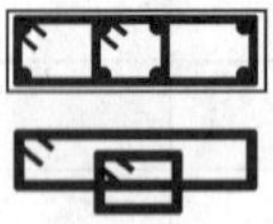	图中所表示的箍筋、环筋等若布置复杂时，可增加钢筋大样及说明
5	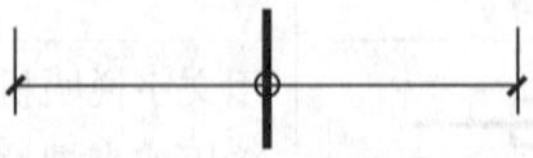	每组相同的钢筋、箍筋或环筋，可用一根粗实线表示，同时用一两端带斜短划线的横穿细线，表示其余钢筋及起止范围

④钢筋简图中受力筋的尺寸按外皮尺寸标注，箍筋的尺寸按内皮尺寸标注，如图 1.5 所示。

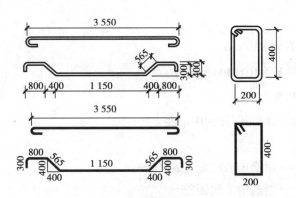

图 1.5　钢筋尺寸标注图

1.1.3　配筋图的识读

为了将钢筋在构件中的配置情况表示清楚,传统的结构构件配筋图中都绘制有构件的纵向及横向剖面图。图中构件的轮廓线用细实线画出,构件中的钢筋在纵向剖面图中用粗实线画出,凡钢筋有变化的地方都分别画出断面图,凡剖到的钢筋画成圆形小黑点,并在图中将钢筋进行标注,这样的图称为配筋图。钢筋工就是按照配筋图进行配料和加工的。

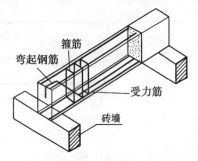

图 1.6　梁的配筋轴测图

1)梁配筋图的识读

图 1.6、图 1.7 为某梁的配筋图。

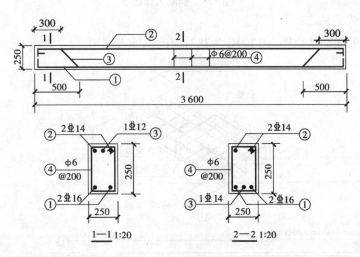

图 1.7　梁的配筋图

识读说明:

①标注钢筋的根数和直径。

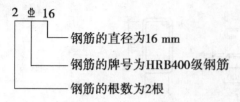

钢筋的直径为16 mm

钢筋的牌号为HRB400级钢筋

钢筋的根数为2根

②标注钢筋的直径和相邻钢筋的中心距。

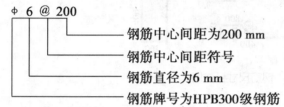

钢筋中心间距为200 mm

钢筋中心间距符号

钢筋直径为6 mm

钢筋牌号为HPB300级钢筋

③3 号钢筋为弯折钢筋,如图1.8所示。

④4 号钢筋为封闭形状,称为箍筋,如图1.8所示。

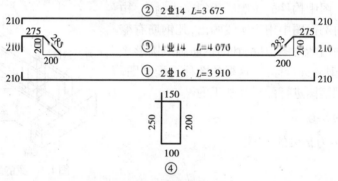

图1.8　钢筋大样图

2)板配筋图的识读

图1.9为板的配筋示意图,图1.10为其对应的钢筋大样图。

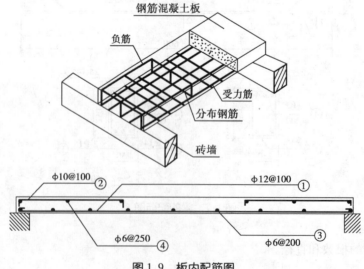

图1.9　板内配筋图

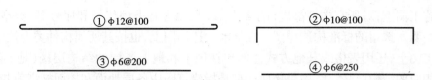

① φ12@100 ② φ10@100 ③ φ6@200 ④ φ6@250

注：①号钢筋为受力钢筋；②号钢筋为负筋；③和④号钢筋为分布钢筋。

图 1.10　板内钢筋大样图

3）柱子配筋图的识读

图 1.11 为柱子内的钢筋图，图 1.12 为其对应的配筋图。

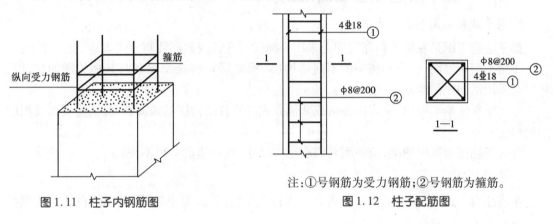

箍筋

纵向受力钢筋

图 1.11　柱子内钢筋图

4Φ18 ①

φ8@200 ②

φ8@200 ②

4Φ18 ①

1—1

注：①号钢筋为受力钢筋；②号钢筋为箍筋。

图 1.12　柱子配筋图

1.2　平法设计识图

问 题引入

你知道平法吗？与传统绘图相比，它有哪些优势？如何识读平法施工图呢？下面我们就来学习平法识图。

"建筑结构施工图平面整体设计方法"（简称"平法"或 PIEM）是对我国混凝土结构设计制图方法的重大改进。概括来讲，平法是把我国目前混凝土结构构件的尺寸和配筋，按照平法制图规则，直接注明在各类构件的结构平面布置图上或相应的图表中，再与平法标准构造详图相配合，使之构成一套新型完整的结构施工图。

平法结构施工图的编排顺序及注写方式如下：

（1）编排顺序　按平法设计绘制的结构施工图，一般按基础、柱、剪力墙、梁、板、楼梯及其他构件的顺序排列。

（2）注写方式　平面布置图上表示各构件尺寸和配筋的方式有平面注写方式、列表注写方式和截面注写方式 3 种。

平法施工图上,对所有构件都进行了编号,编号中含有类型代号和序号等,类型代号的主要作用是指明所选用的标准构造详图。在标准构造详图上,也按其所属构件类型注明了代号。在平法施工图上,还用表格或其他方式注明包括地下和地上各层的结构层楼(地)面标高、结构层高及相应的结构层号。结构层楼面标高是指建筑图中各层地面和楼面标高值扣除建筑面层及垫层厚度后的标高,结构层号应与建筑层号对应一致。

下面以常用的框架结构中梁柱平法施工图为例讲述平法基本知识。

1.2.1 梁平法施工图制图规则

1)梁平法施工图的表示方法

梁平法施工图是在梁平面布置图上采用平面注写方式或截面注写方式表达,要点如下:

①梁平面布置图,应分别按梁的不同结构层(标准层),将全部梁和与其相关联的柱、墙、板一起采用适当比例绘制。

②在梁平法施工图中,应当用表格或其他方式注明各结构层的顶面标高、结构层高及相应的结构层号。

③对于轴线未居中的梁,应注明其偏心定位尺寸(贴柱边的梁可不注)。

2)平面注写方式

平面注写方式,是在梁平面布置图上,分别在不同编号的梁中各选一根梁,在其上注明截面尺寸和配筋具体数据来表达梁平法施工图的方式。

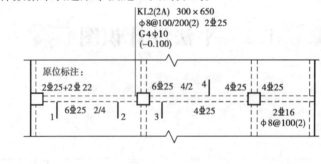

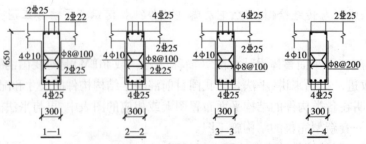

注:本图4个梁截面系采用传统表示方法绘制,用于对比按平面注写方式表达的同样内容。

实际采用平面注写方式表达时,则不绘制梁截面配筋图和图中的相应截面号。

图 1.13 梁配筋图平面注写方式示例

平面注写包括集中标注与原位标注。集中标注表达梁的通用数值,原位标注表达梁的特殊数值。当集中标注中某项数值不适用于梁的某部位时,则将该项数值原位标注,如图 1.13 所示。施工时原位标注取值优先于集中标注,即该部位梁按原位标注的截面尺寸和配筋数值进行施工。

(1)集中标注 集中标注是将梁的通用数值从梁的任意截面集中标注在结构平面图中距梁线较远一侧的一种表达方式,其识读如图 1.14 所示。集中标注的内容有 5 项必注值及 1 项选注值,具体规定如下:

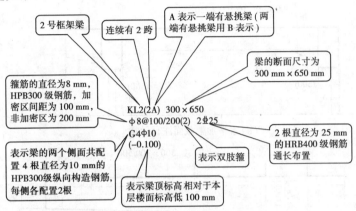

图 1.14 梁配筋集中标注的识读

①梁编号:此项为必注值,梁编号由梁类型代号、序号、跨数及有无悬挑代号几项组成,具体规定按表 1.7 执行。

表 1.7 梁编号

梁类型	代 号	序 号	跨数及是否带有悬挑
楼层框架梁	KL	××	(××)、(××A)或(××B)
屋面框架梁	WKL	××	(××)、(××A)或(××B)
框支梁	KZL	××	(××)、(××A)或(××B)
非框架梁	L	××	(××)、(××A)或(××B)
悬挑梁	XL	××	
井字梁	JZL	××	(××)、(××A)或(××B)

注:(××A)为一端有悬挑,(××B)为两端有悬挑,悬挑不计入跨数。

【例1.1】 标注为 KL7(5A)表示第 7 号框架梁,5 跨,一端有悬挑;L9(7B)表示第 9 号非框架梁,7 跨,两端有悬挑。

②梁截面尺寸:此项为必注值。

• 当为等截面梁时,用 $b \times h$ 表示,其中 b 表示梁截面宽度,h 表示梁截面高度。

• 当为竖向加腋梁时,用 $b \times h$ GY$c_1 \times c_2$,其中 Y 为"腋"字的汉语拼音第一个字母(大写),c_1 为腋长,c_2 为腋高,如图 1.15(a)所示。

• 当为水平加腋梁时,一侧加腋时用 $b \times h$ PY$c_1 \times c_2$ 表示,其中 c_1 为腋长,c_2 为腋高,加腋部位应在平面图中绘制,如图 1.15(b)所示。

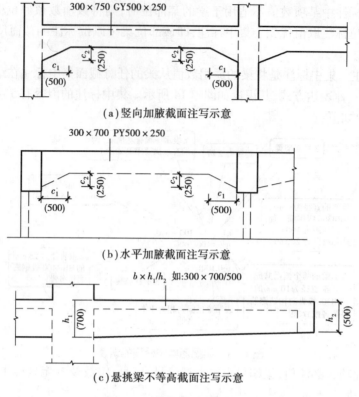

图 1.15　梁截面尺寸注写示意

- 当有悬挑梁且根部和端部的高度不同时,用斜线"/"分隔根部与端部的高度值,即为 $b \times h_1/h_2$,h_1 为梁根部截面高度,h_2 为梁端部截面高度,如图 1.15(c)所示。

③梁箍筋:该项为必注值,包括钢筋级别、直径、加密区与非加密区间距及肢数。箍筋加密区与非加密区的不同间距及肢数需用斜线"/"分隔;斜线"/"前面的间距及肢数适用于加密区,后面的间距及肢数适用于非加密区,当梁箍筋为同一种间距及肢数时,则不需要用"/"分隔;箍筋肢数注写在箍筋间距数值后面的括号内,当加密区与非加密区的箍筋肢数相同时,则将肢数注写 1 次,括号内数值一般为 2 或 4,"2"表示双肢箍,"4"表示四肢箍。

【例 1.2】　图 1.13 中标注φ8@100/200(2),表示箍筋为 HPB300 级钢筋,直径为 8 mm,加密区间距为 100 mm,非加密区间距为 200 mm,均为双肢箍。

【例 1.3】　标注为φ10@100(4)/150(2),表示箍筋为 HPB300 级钢筋,直径为 10 mm,加密区间距为 100 mm,四肢箍,非加密区间距为 150 mm,双肢箍。

④梁上部通长筋或架立筋:该项为必注值,所注规格与根数应根据结构受力要求及箍筋肢数等构造要求而定。当梁上部同排纵筋中既有通长筋又有架立筋时,应用加号"+"将通长筋和架立筋相联。注写时必须将通长筋(常用作角部纵筋)写在加号的前面,架立筋写在加号后面的括号内,以示不同直径及与通长筋的区别。

【例 1.4】　标注为 2 ⊈22 +(2 ⊈12),表示用于四肢箍,其中 2 ⊈22 为通长筋,用于角部,2 ⊈12 为架立筋;钢筋长度按构造要求确定。如标注为 2 ⊈22,表示用于双肢箍,通长筋。

当梁的上部纵筋和下部纵筋均为全跨相同,且多跨配筋相同时,此项可加注下部纵筋的配筋值,用分号";"将上部与下部纵筋的配筋值分隔开来,分号前面表示梁上部配置的通长筋,后面表示梁下部配置的通长筋。

【例1.5】 标注为3Φ20;3Φ22,表示梁的上部配置3Φ20的通长筋,下部配置3Φ22的通长筋。

⑤梁侧面纵向构造钢筋或受扭钢筋:该项为必注值,当梁腹板高度$h_w \geq 450$ mm时,须配置纵向构造钢筋,所注规格与根数应符合设计规范要求。此项注写值以"构"字的汉语拼音的第一个字母(大写)G打头,接着注写对称设置在梁两个侧面的总配筋值。

【例1.6】 梁上标注为G4ϕ10,表示梁的两个侧面共配置4ϕ10的构造钢筋,梁每侧各配置2ϕ10的钢筋(见图1.13)。

当梁侧面需配置受扭纵向钢筋时,此项注写值以"扭"字的汉语拼音的第一个字母(大写)N打头,接着注写对称配置在梁两个侧面的总配筋值。当配有纵向受扭钢筋时,受扭纵向钢筋应满足梁侧面纵向构造钢筋的间距要求,且不再重复配置纵向构造钢筋。

【例1.7】 标注为N6Φ22,表示梁的两个侧面共配置6Φ22的受扭纵向钢筋,每侧各配置3Φ22。

⑥梁顶面标高高差:梁顶面标高高差是指相对于结构层楼面标高的高差值。对于位于结构夹层的梁,则指相对于结构夹层楼面标高的高差。有高差时,须将其写入括号内,正值表示"高于楼面",负值表示"低于"楼面,无高差时不注。如梁的顶面标高高于结构层楼面标高50 mm时,注写(0.050),反之则注写(-0.050),梁的实际标高应为梁所在结构层的楼面标高与所注梁顶面标高高差的代数和。

(2)原位标注 原位标注是指将梁某一跨的截面尺寸、配筋等标注在结构平面图中梁线附近一侧的一种表达方法,原位标注的内容规定如下:

①梁支座上部纵筋:指该部位含通长筋在内的所有纵筋。

- 当上部纵筋多于一排时,用斜线"/"将各排纵筋自上而下分开。

- 当同排纵筋有两种直径时,用加号"+"将两种直径的纵筋相联,注写时将角部纵筋写在加号前面。

- 当梁中间支座两边的上部纵筋不同时,须在支座两边分别标注;当梁中间支座的上部纵筋,可仅在支座的一边标注配筋值,另一边省去不注,如图1.16所示。

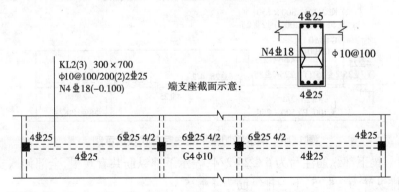

图1.16 大小跨梁的注写示例

●对于支座两边不同配筋值的上部纵筋,宜尽可能选用相同直径(不同根数),使其贯穿支座,避免支座两边不同直径的上部纵筋均在支座内锚固。

【例1.8】 梁支座上部纵筋注写为6 Φ25 4/2,表示上部纵筋共为6 Φ25,双排布置,其中上一排纵筋为4 Φ25,下一排纵筋为2 Φ25。

梁支座上部纵筋注写为2 Φ25 +2 Φ22,表示上部共有4根钢筋,单排布置,2 Φ25放在角部,2 Φ22放在中部。

②梁下部纵筋:

●当梁下部纵筋多于一排时,用斜线"/"将各排纵筋自上而下分开。

●当同排纵筋有两种直径时,用加号" +"将两种直径的纵筋相联,注写时角筋写在前面。

●当梁下部纵筋不全部伸入支座时,将梁支座下部纵筋减少的数量写在括号内,无此项标注时,则表示梁下部纵筋全部伸入支座。

●当梁的集中标注分别注写了梁上部和下部均为通常的纵筋值时,则不需在梁下部重复做原位标注。

●当梁设置竖向加腋时,加腋部位下部斜纵筋应在支座下部以Y打头注写在括号内,如图1.17所示;当梁设置水平加腋时,水平加腋内上、下部斜纵筋应在加腋支座上部以Y打头注写在括号内,上下部斜纵筋之间用"/"分隔,如图1.18所示。

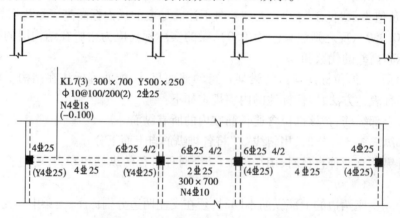

图1.17 梁加腋平面注写方式表达示例

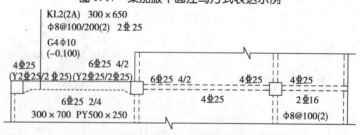

图1.18 梁水平加腋平面注写方式表达示例

【例1.9】 梁下部纵筋注写为6 Φ25 2/4,表示下部纵筋共有6根,全部伸入支座,双排布置,其中上一排纵筋为2 Φ25,下一排纵筋为4 Φ25。

梁下部纵筋注写为2 Φ25 +3 Φ22(-3)/5 Φ25,表示上排纵筋为2 Φ25(角筋)和3 Φ22,下一排纵筋为5 Φ25,其中3 Φ22不伸入支座,其他全部伸入支座。

③附加箍筋或吊筋:在主次梁相交处,在主梁内有次梁作用的位置,应加设附加箍筋或吊筋,将其直接画在平面图中的主梁上,用线引注总配筋值(附加箍筋的肢数注在括号内),如图1.19所示。当多数附加箍筋或吊筋相同时,可在各层或各标准层的梁平法施工图上统一注明,少数与统一注明值不同时再用原位标注。附加箍筋或吊筋的几何尺寸应按照标准构造详图,结合其所在位置的主次梁截面尺寸而定。

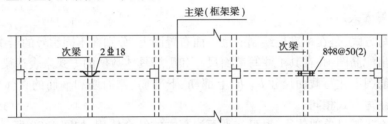

图 1.19　附加箍筋和吊筋的画法示例

层号	标高/m	层高/m
屋面2	65.670	
塔层2	62.370	3.30
屋面1(塔层1)	59.070	3.30
16	55.470	3.60
15	51.870	3.60
14	48.270	3.60
13	44.670	3.60
12	41.070	3.60
11	37.470	3.60
10	33.870	3.60
9	30.270	3.60
8	26.670	3.60
7	23.070	3.60
6	19.470	3.60
5	15.870	3.60
4	12.270	3.60
3	8.670	3.60
2	4.470	4.20
1	-0.030	4.50
-1	-4.530	4.50
-2	-9.030	4.50
层号	标高/m	层高/m

结构层楼面标高
结 构 层 高

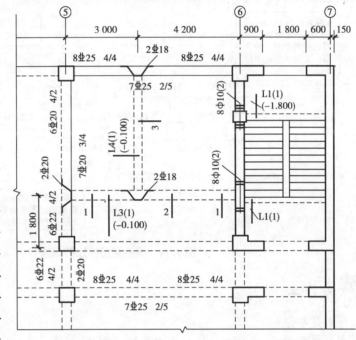

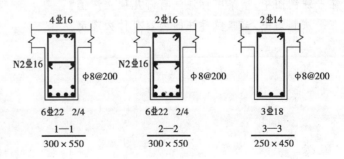

15.870~26.670梁平法施工图(局部)

图 1.20　梁的配筋图截面注写方式

④特殊梁跨：

• 当梁上集中标注的内容不适用于某跨或某悬挑部分时，则将其不同数值原位标注在该跨或该悬挑部位，施工时应按原位标注数值取用。

• 当在多跨梁的集中标注已注明加腋，而该梁某跨的根部却不需要加腋时，则应在该跨原位标注等截面的 $b \times h$，以修正集中标注中的加腋信息，如图1.17所示。

3) 截面注写方式

梁截面注写方式，是在标准层绘制的梁平面布置图上，分别在不同编号的梁中各选择一根梁用剖面号引出配筋图，并在其上注写截面尺寸和配筋具体数值的方式来表达梁平法施工图。

在截面配筋图上注写截面尺寸 $b \times h$、上部筋、下部筋、侧面筋和箍筋的具体数值时，其表达形式与平面注写方式相同。

截面注写方式既可单独使用，也可与平面注写方式结合使用，如图1.20所示。以图1.20中⑤轴线上的梁为例进行识读，如图1.21所示。

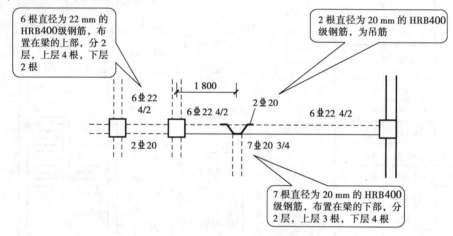

图1.21 梁的配筋标注的识读

练习作业

1.什么是平法？

2.在平法制图中，梁集中标注法有哪几项必注值？

3.在平法制图中，梁原位标注的内容有什么规定？

1.2.2　柱平法施工图制图规则

柱平法施工图是在柱平面布置图上采用列表注写方式或截面注写方式表达。在柱平法施工图中,应注明各结构层的楼面标高、结构层高及相应的结构层号。

1)列表注写方式

列表注写方式,是在柱平面布置图上,分别在同一编号的柱中选择一个(需要时可选择几个)截面标注几何参数代号,在柱表中注写柱号、柱段起止标高、几何尺寸(含柱截面对轴线的偏心情况)与配筋的具体数值,并配以各种柱截面形状及其箍筋类型图来表达柱平法施工图。其内容规定如下:

(1)注写柱编号　柱编号由类型代号和序号组成,具体规定按表1.8执行。

表 1.8　柱编号

柱类型	代　号	序　号	柱类型	代　号	序　号
框架柱	KZ	××	芯　柱	XZ	××
框支柱	KZZ	××	剪力墙上柱	QZ	××
梁上柱	LZ	××			

注:编号时,当柱的总高、分段截面尺寸和配筋均对应相同,仅分段截面与轴线的关系不同时,仍可将其编为同一柱号。

(2)注写各段柱的起止标高　自柱根部往上以变截面位置或截面未变但配筋改变处为界分段注写。框架柱的根部标高一般指其基础顶面标高。

(3)注写柱截面尺寸　对于矩形柱,注写柱截面尺寸 $b \times h$ 及与轴线关系的几何参数代号 b_1, b_2 和 h_1, h_2 的具体数值,须对应于各段柱分别注写,其中 $b = b_1 + b_2$, $h = h_1 + h_2$,当截面的某一边收缩变化至与轴线重合或偏到轴线的另一侧时,b_1, b_2, h_1, h_2 中的某项为零或为负值。

对于圆柱,表中 $b \times h$ 一栏改用在圆柱直径数字前加 d 表示。为表达简单,圆柱截面与轴线的关系也用 b_1, b_2 和 h_1, h_2 表示,并使 $d = b_1 + b_2 = h_1 + h_2$。

(4)注写柱纵筋　当柱纵筋直径相同,各边根数也相同时(包括矩形柱、圆柱),将纵筋注写在全部纵筋一栏中;除此之外,柱纵筋分角筋、截面 b 边中部筋和 h 边中部筋 3 项,分别注写(对于采用对称配筋的矩形截面柱,可仅注写一侧中部筋,对称边省略不注)。

(5)注写箍筋类型及箍筋肢数　在柱表的上部或图中的适当位置,画出所设计的柱截面形状、各类箍筋类型图以及箍筋复合的具体方式,并在其上标注与表中相应的 b,h,并编上类型号。

(6)注写柱箍筋　柱箍筋的注写内容包括钢筋级别、直径与间距。当为抗震设计时,用斜线"/"区分柱端箍筋加密区与柱身非加密区长度范围内箍筋的不同间距;当箍筋沿柱全高为一种间距时,则不使用斜线"/"。

【例1.10】　标注 Lϕ10@100/250,表示柱采用螺旋箍筋,箍筋为 HPB300 级钢筋,直径为 10 mm,加密区箍筋间距为 100 mm,非加密区箍筋间距为 250 mm。

标注ϕ10@100,表示箍筋为 HPB300 级钢筋,直径为 10 mm,柱全高箍筋间距均为 100 mm。

当圆柱采用螺旋箍筋时,需在箍筋前加 L("螺"字汉语拼音的第一个大写字母)。

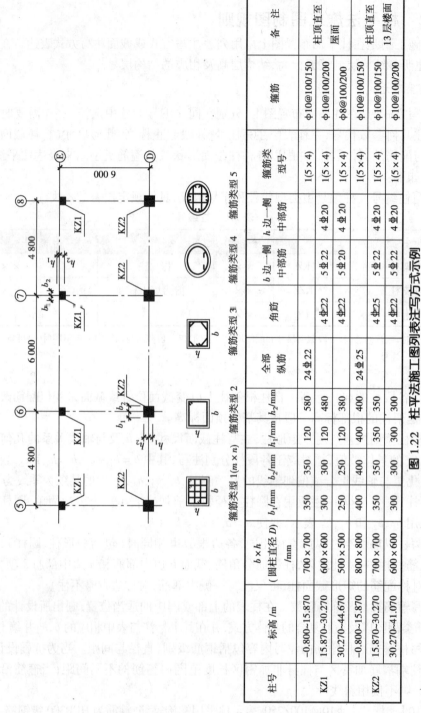

柱号	标高/m	b×h(圆柱直径D)/mm	b₁/mm	b₂/mm	h₁/mm	h₂/mm	全部纵筋	角筋	b边一侧中部筋	h边一侧中部筋	箍筋类型号	箍筋	备注
KZ1	-0.800~15.870	700×700	350	350	120	580	24Φ22				1(5×4)	Φ10@100/150	柱顶直至屋面
	15.870~30.270	600×600	300	300	120	480		4Φ22	5Φ22	4Φ20	1(5×4)	Φ10@100/200	
	30.270~44.670	500×500	250	250	120	380		4Φ22	5Φ20	4Φ20	1(5×4)	Φ8@100/200	
KZ2	-0.800~15.870	800×800	400	400	400	400	24Φ25				1(5×4)	Φ10@100/150	柱顶直至13层楼面
	15.870~30.270	700×700	350	350	350	350		4Φ25	5Φ22	4Φ20	1(5×4)	Φ10@100/150	
	30.270~41.070	600×600	300	300	300	300		4Φ22	5Φ22	4Φ20	1(5×4)	Φ10@100/200	

箍筋类型 1(m×n)　箍筋类型 2　箍筋类型 3　箍筋类型 4　箍筋类型 5

图 1.22　柱平法施工图列表注写方式示例

图 1.22 为采用列表注写方式表达的柱平法施工图示例。

为进一步熟悉柱平法施工图列表注写方式的规则,下面以图 1.22 柱 KZ1 为例,解释如下:"KZ1"为柱编号,表示第一号框架柱。

图 1.22 表中第 1 行:表示该柱在"−0.800～15.870 m"标高段的截面尺寸 $b \times h = 700$ mm × 700 mm,柱截面宽度方向两侧距建筑平面轴线的距离 $b_1 = 350$ mm,$b_2 = 350$ mm;柱截面高度方向两侧距建筑平面轴线的距离 $h_1 = 120$ mm,$h_2 = 580$ mm;柱截面全部纵筋为24 ⊈ 22,即每边都均匀配置了 7 ⊈ 22 的纵筋;柱箍筋为 φ10 的钢筋,加密区箍筋间距为 100 mm,非加密区为 150 mm(φ10@100/150);柱截面高度方向为 5 肢箍,宽度方向为 4 肢箍。

图 1.22 表中第 2 行:表示该柱在"15.870～30.270 m"标高段的截面尺寸 $b \times h = 600$ mm × 600 mm;柱截面宽度方向两侧距建筑平面轴线的距离 $b_1 = 300$ mm,$b_2 = 300$ mm;柱截面高度方向两侧距建筑平面轴线的距离 $h_1 = 120$ mm,$h_2 = 480$ mm;柱截面每个角各配 1 根 ⊈ 22 的纵筋(4 ⊈ 22);柱截面 b 向两对边中部各配有 5 根 ⊈ 22 的纵筋(5 ⊈ 22),h 向两对边中部各配有 4 根 ⊈ 20 的纵筋(4 ⊈ 20);柱截面中共配有 14 ⊈ 22 + 8 ⊈ 20 的纵筋,柱箍筋为 φ10 的钢筋,加密区箍筋间距为 100 mm,非加密区为 200 mm(φ10@100/200);柱截面高度方向为 5 肢箍,宽度方向为 4 肢箍。

图 1.22 表中第 3 行:表示该柱在"30.270～44.670 m"标高段的截面尺寸 $b \times h = 500$ mm × 500 mm;柱截面宽度方向两侧距建筑平面轴线的距离 $b_1 = 250$ mm,$b_2 = 250$ mm;柱截面高度方向两侧距建筑平面轴线的距离 $h_1 = 120$ mm,$h_2 = 380$ mm;柱截面每个角各配 1 根 ⊈ 22 的纵筋(4 ⊈ 22);柱截面 b 向两对边中部各配有 5 根 ⊈ 20 的纵筋(5 ⊈ 20),h 向两对边中部各配有 4 根 ⊈ 20 的纵筋(4 ⊈ 20);柱截面中共配有 4 ⊈ 22 + 18 ⊈ 20,柱箍筋为 φ8 的钢筋,加密区箍筋间距为 100 mm,非加密区为 200 mm(φ8@100/200);柱截面高度方向为 5 肢箍,宽度方向为 4 肢箍。

2)截面注写方式

柱截面注写方式是在标准层绘制的柱平面布置图中的柱截面上,分别在同一编号柱中选择一个截面,以直接注写截面尺寸和配筋具体数值的方式表达柱平法施工图,如图 1.23 和图 1.24 所示。具体做法是:按表 1.8 的规定进行柱编号,从相同编号的柱中选择一个截面,按另一种比例原位放大绘制柱截面配筋图,并在各配筋图上继其编号后再注写截面尺寸 $b \times h$,角

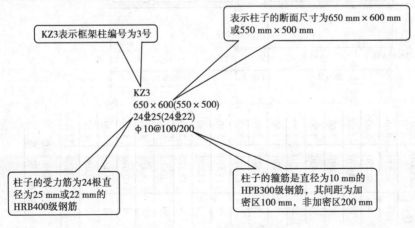

图 1.23 柱子配筋标注的识读

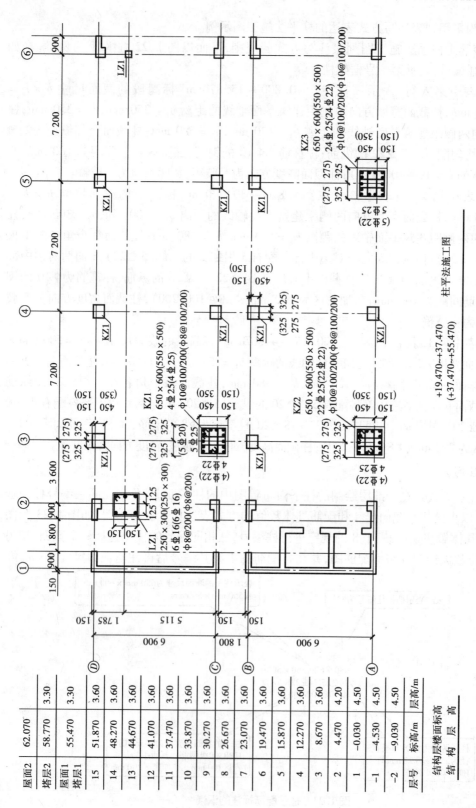

图1.24 柱平法施工图截面注写方式示例

注：KZ1标高+19.470至+55.470以及KZ2标高+37.470至+55.470均采用焊接封闭筋。

筋或全部纵筋(当纵筋采用一种直径且能够图示清楚时)、箍筋的具体数值,以及在柱截面配筋图上标注柱截面与轴线关系 b_1,b_2,h_1,h_2 的具体数值。

当纵筋采用两种直径时,须再注写截面各边中部筋的具体数值(对于采用对称配筋的矩形截面柱,可仅在一侧注写中部筋,对称边省略不注)。在截面注写方式中,如柱的分段截面尺寸和配筋均相同,仅分段截面与轴线的关系不同时,可将其编为同一柱号,但此时应在配筋的柱截面上注写该柱截面与轴线关系的具体尺寸。

活动建议

到图书馆查一查国家建筑标准设计图集 11G101-1、11G101-2、11G101-3,阅读平法施工图的相关内容。

练习作业

在平法制图中,柱列表注写方法中有哪些基本内容?

学习鉴定

1.**是非题**(对的画"√",错的画"×")

(1)KL7(5A),表示第 7 号框架梁,5 跨,一端有悬挑。 (   )

(2)L9(7B),表示第 9 号框架梁,7 跨,两端有悬挑。 (   )

(3)在梁的平法施工图中表示为 G4φ12 时,G 代表梁中的构造钢筋。 (   )

(4)结构施工图是操作人员施工的依据,为了正确贯彻设计意图,及早纠正图面上的差错,保证工程施工质量达到设计要求,审核是必不可少的程序。 (   )

(5)对于配筋较复杂的钢筋混凝土构件,除绘制立面图和断面图外,还要把每种规格的钢筋抽出,画样图,以便下料加工制作。 (   )

(6)HPB 是热轧光圆钢筋的代号。 (   )

(7)建施图主要包括总平面图、建筑平面图、建筑立面图、建筑剖面图、建筑详图等。 (   )

(8)在梁的平法图中标注 N6⊕14,则表示梁中的两个侧面共配置 6⊕14 的受扭纵向钢筋,每侧各配置 3⊕14。 (   )

(9)钢筋直径常用英文字母 d 表示。 (   )

(10)CRB 是冷轧带肋钢筋的代号。 (   )

2.**选择题**

(1)在钢筋混凝土构件代号中,"QL"是表示_____。

    A.圈梁　　　B.过梁　　　C.连系梁　　　D.基础梁

（2）建筑工程施工图上一般注明的标高是_____。

    A. 绝对标高   B. 相对标高

    C. 绝对标高和相对标高   D. 要看图纸上的说明

（3）放大样一般按_____比例对钢筋或构件进行放样。

    A. $1:5$ B. $1:10$ C. $1:100$ D. $1:1$

（4）悬挑构件的主筋布置在构件的_____。

    A. 下部   B. 上部   C. 中部   D. 没有规定

（5）在施工图中,B 代表_____。

    A. 板   B. 柱   C. 梁   D. 空心板

（6）建筑工程施工图上的单位,总平面图和标高是以_____单位。

    A. m   B. mm   C. cm   D. 10 m

（7）在柱中,标注φ10@100/250,表示的是箍筋_____。

    A. 为 HPB300 级钢筋,直径为 10 mm,加密区箍筋间距为 100 mm,非加密区箍筋间距为 250 mm

    B. 为 HPB300 级钢筋,直径为 10 mm,加密区箍筋间距为 250 mm,非加密区箍筋间距为 100 mm

    C. 为 HPB300 级钢筋,直径为 10 mm,加密区箍筋间距为 250 mm,非加密区箍筋间距为 250 mm

    D. 为 HPB300 级钢筋,直径为 10 mm,加密区箍筋间距为 100 mm,非加密区箍筋间距为 100 mm

（8）在柱中,标注φ10@100,表示箍筋_____。

    A. 为 HPB300 级钢筋,直径为 10 mm,柱全高箍筋间距均为 100 mm

    B. 为 HPB300 级钢筋,直径为 10 mm,柱加密区箍筋间距均为 100 mm

    C. 为 HPB300 级钢筋,直径为 10 mm,柱非加密区箍筋间距均为 100 mm

    D. 为 HPB300 级钢筋,直径为 10 mm,柱非加密区箍筋间距均为 200 mm

（9）梁下部纵筋注写为 6 ⊈25 2/4,表示_____。

    A. 下部纵筋共为 6 ⊈25,双排布置,其中上一排纵筋为 2 ⊈25,下一排纵筋为 4 ⊈25,6 ⊈25 全部伸入支座

    B. 下部纵筋共为 6 ⊈25,双排布置,其中上一排纵筋为 4 ⊈25,下一排纵筋为 2 ⊈25,6 ⊈25 全部伸入支座

    C. 上部纵筋共为 6 ⊈25,双排布置,其中上一排纵筋为 2 ⊈25,下一排纵筋为 4 ⊈25,6 ⊈25 全部伸入支座

    D. 上部纵筋共为 6 ⊈25,双排布置,其中上一排纵筋为 4 ⊈25,下一排纵筋为 2 ⊈25,6 ⊈25 全部伸入支座

（10）梁下部纵筋注写为 2 ⊈25 + 3 ⊈22(−3)/5 ⊈25,表示_____。

    A. 上排纵筋为 2 ⊈25 和 3 ⊈22,下一排纵筋为 5 ⊈25,其中 3 ⊈22 不伸入支座,7 ⊈25 全部伸入支座

    B. 上排纵筋为 2 ⊈25 和 3 ⊈22,下一排纵筋为 3 ⊈25,其中 5 ⊈22 不伸入支座,7 ⊈25 全部伸入支座

    C. 上排纵筋为 2 ⊈25 和 3 ⊈22,下一排纵筋为 5 ⊈25,其中 7 ⊈22 不伸入支座,3 ⊈25 全部伸入支座

    D. 上排纵筋为 2 ⊈25 和 3 ⊈22,下一排纵筋为 3 ⊈25,其中 7 ⊈22 不伸入支座,3 ⊈25 全部伸入支座

3. 简答题

(1)建筑工程施工图有什么作用?

(2)建筑工程施工图分为哪几类?

(3)建筑工程施工图是怎样编排顺序的?

(4)在柱的平法施工图中,其箍筋标注为 φ 10@ 100/250;标注为 φ 10@ 100;标注为 L φ 10 @ 100/250,各表示什么意思?

(5)在平法施工图中,梁下部纵筋如注写为 6 Φ 25 2/4 表示什么意思?如注写为 2 Φ 25 + 3 Φ 22(-3)/5 Φ 25 又表示什么意思?

梁平法施工图的识读

1. 训练目的

识读梁平法施工图。

2. 训练要求

2 人一组,进行讨论练习。

3. 训练所需资源

有关图纸,见图 1.25 梁平法施工图。

4. 训练要领

根据图 1.25 写出梁各部分的含义。

5. 训练时间

2 课时

6. 评分

梁平法施工图评分见表 1.9。

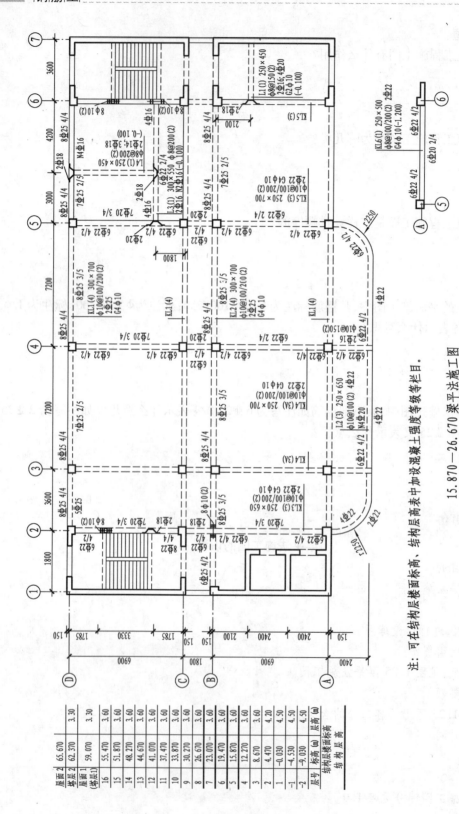

图1.25 梁平法施工图

15.870—26.670梁平法施工图

注：可在结构层楼面标高、结构层高表中加设混凝土强度等级等栏目。

表 1.9 梁平法施工图的识读评分表

序 号	评分项目	满 分	实得分	备 注
1	钢筋的数量	40		
2	钢筋的形状	40		
3	钢筋的尺寸	10		
4	综合印象	10		
	合 计	100		

见本书附录或光盘。

2　钢筋的基本知识

本章内容简介

钢筋的技术性能

钢筋的分类

钢筋的保管

本章教学目标

理解钢筋技术性能

掌握钢筋的分类

■ 掌握钢筋的保管

一幢幢高楼拔地而起,高大宏伟的建筑物耸立云霄,高耸入云的建筑物的支撑是什么呢?目前大多数的建筑工程都是钢筋混凝土结构,在这类结构中起支撑作用的是钢筋混凝土构件,而钢筋是钢筋混凝土结构中的主要材料。那么,钢筋有哪些技术性能?它又分为哪些种类?如何使用这些钢筋呢?下面就来了解钢筋的技术性能、分类与保管。

2.1 钢筋的技术性能及其分类

2.1.1 钢筋的技术性能

钢筋的技术性能主要包括力学性能和工艺性能。力学性能主要包括抗拉性能、冲击韧性、耐疲劳和硬度等;工艺性能主要包括冷弯和焊接性能。

1)抗拉性能

抗拉性能是钢筋最重要的技术性质,它是指其抵抗拉力作用所表现出来的一系列变化。钢筋的抗拉性能,可用其受拉时的应力-应变图来阐明,如图2.1所示,其变化可以分为4个阶段:

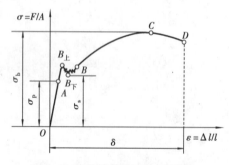

图 2.1 钢筋拉伸的应力-应变图

(1)弹性阶段(OA 段) 在该阶段,应力与应变成正比,如卸去荷载,试件将恢复原状,表现为弹性变形。

(2)屈服阶段(AB 段) 在该阶段,开始产生塑性变形,应力与应变不再成正比。应力几乎不增加,应变却迅速发展,尽管钢筋尚未破坏,但已不能满足使用要求。设计时,一般以该阶段的应力界线点——屈服点为强度取值依据。

(3)强化阶段(BC 段) 当荷载超过屈服点以后,由于试件内部组织结构发生变化,抵抗变形能力又重新提高,故称为强化阶段。对应于最高点的应力,称为极限抗拉强度。

（4）颈缩阶段（*CD* 段）　当钢材强化达到最高点后，在试件薄弱处的截面将显著缩小，产生"颈缩现象"，如图 2.2 所示。由于试件断面急剧缩小，塑性变形迅速增加，抗拉力也就随着下降，最后发生断裂。

将拉断后的试件在断裂处对接在一起，测得其断后标距 L_1，标距的伸长值与原始标距 L_0 的百分比称为伸长率 δ，即 $\delta = \dfrac{L_1 - L_0}{L_0} \times 100\%$，如图 2.3 所示。伸长率 δ 是衡量钢材塑性的重要技术指标，伸长率越大，表明钢材的塑性越好。

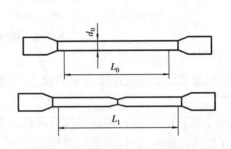

图 2.2　钢筋颈缩现象示意图　　　　图 2.3　拉断前后的试件

2）冷弯性能

冷弯是检验钢筋原材料质量和钢筋焊接接头质量的重要项目之一，它能够揭示钢材内部组织是否均匀，是否存在夹渣、气孔、裂纹等缺陷。

冷弯性能是指钢材在常温下承受弯曲变形的能力。钢材的冷弯性能以试验时的弯曲角度和弯心直径表示。经过试验,钢筋弯曲处若无裂纹、断裂及起层等现象,则钢材的冷弯性能合格。钢材冷弯时的弯曲角度越大,弯心直径越小,则表示其冷弯性能越好。图 2.4 是弯心直径和角度的关系图。

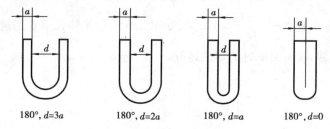

180°,$d=3a$	180°,$d=2a$	180°,$d=a$	180°,$d=0$

图 2.4　钢材的冷弯

3)冲击韧性

冲击韧性是指钢材抵抗冲击荷载的能力。钢材抵抗的冲击荷载越大,表示钢材抗冲击的能力越强。

钢材经冷加工和时效后,冲击韧性会降低。钢材的时效是指钢筋经冷加工后随时间延长,其强度逐渐提高而塑性、韧性降低的现象。另外,钢材的冲击韧性随温度的降低而下降,即钢材具有冷脆性。

钢筋的技术性能有哪些? 哪些属于力学性能,哪些属于工艺性能?

2.1.2　钢筋的分类

钢筋的分类。

钢筋广泛应用于建筑工程中,其种类很多,通常有以下几种分类方法:

1)按钢筋的化学成分分类

(1)碳素钢钢筋　碳素钢中含有铁、碳、硅、锰等元素,其中碳元素的含量对钢材性能的影响最大,根据碳元素含量的多少,又可以分为:

①低碳素钢钢筋:低碳素钢钢筋的含碳量低于 0.25% ,强度较低但塑性较好,截面为圆形,表面光滑。

②中碳素钢钢筋:中碳钢钢筋的含碳量为 0.25%~0.6% ,强度及硬度介于高、低碳素钢钢筋之间,随着含碳量的增多,强度和硬度增大,但塑性、韧性等性能降低。

③高碳素钢钢筋:高碳素钢钢筋的含碳量为0.6%以上,其强度较高,能够制成直径为3～9 mm的钢丝,即常说的"碳素钢丝"和"高强度钢丝"。

(2)普通低合金钢钢筋　在低碳钢和中碳钢中加入少量的其他元素(如钛、钒、硅、锰等),经过热轧形成的钢筋即为普通低合金钢筋。这种钢筋的强度高,综合性能好,用钢量比碳素钢少。目前常用的有24MnSi(24锰硅)、25MnSi(25锰硅)、40SiMnV(40硅锰钒)等,代号前面的数字(如24,25等)表示平均含碳量的万分率(即0.24%,0.25%),后面的元素符号代表所加的合金元素。

2)按钢筋的外形分类

(1)光面钢筋　光面钢筋是表面光滑的钢筋,分为光面圆钢筋和光面方钢筋。

(2)变形钢筋　如果圆形钢筋的表面有突起,则称为变形钢筋(也称为带肋钢筋)。根据肋纹的形状又分为月牙肋和等高肋。通常情况下,将HRB335,HRB400级钢筋轧制成"人字形",将HRB500级钢筋轧制成"螺旋形"或"月牙形",如图2.5所示。

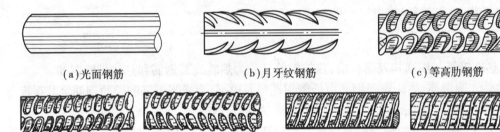

(a)光面钢筋　　　　(b)月牙纹钢筋　　　　(c)等高肋钢筋

(d)人字纹钢筋　　　　　　(e)螺旋形钢筋

图2.5　钢筋

(3)刻痕钢丝　将直径在5 mm以下的钢筋称为钢丝。刻痕钢丝是由光面钢丝经过机械压痕而成,刻痕加强了钢丝与混凝土的握裹力。

(4)钢绞线　钢绞线是将2,3或7根2.5～5 mm的碳素钢丝在绞线机上进行螺旋形绞绕而成钢丝束,再经热处理而成,常用于预应力混凝土构件中。

3)按钢筋在构件中的作用分类

按钢筋在构件中的作用,分为受力钢筋和构造钢筋,如图2.6所示。

(1)受力钢筋　受力钢筋是指在外部荷载作用下,在正常工作状态时,通过结构计算得出的构件所需配置的钢筋。受力钢筋也称为主筋。这类钢筋有受拉钢筋、弯起钢筋、受压钢筋(墙、柱中的纵向受力钢筋或竖筋)。

(2)构造钢筋　构造钢筋是为了满足钢筋混凝土构件的构造要求,并考虑计算与实际施工中的偏差而配置的钢筋。它的配置不需要通过结构计算,其配置的要求、规格和数量,可以通过有关规范、规定查得。

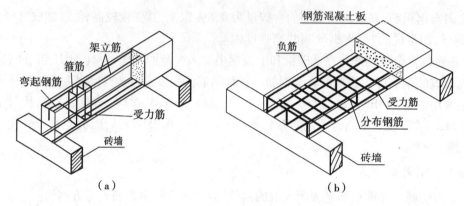

图 2.6 梁、板配筋图

梁内钢筋、板内钢筋、柱内钢筋以及墙内钢筋的配置。

4)按生产工艺分类

(1)热轧钢筋 根据其表面特征,热轧钢筋又分为热轧光圆钢筋和热轧带肋钢筋。

①热轧光圆钢筋:热轧光圆钢筋由低碳钢轧制而成,分为光圆钢筋和带肋钢筋。其强度等级代号为 HPB300,H 表示热轧,P 表示普通光圆,B 表示钢筋。

直径在 12 mm 以下的细钢筋及钢丝一般做成圆盘条形式(即盘圆钢筋,又称盘条),每盘应由一条钢筋(钢丝)组成;直径在 12 mm 及以上的钢筋做成直条钢筋形式。

②热轧带肋钢筋:热轧带肋钢筋由低合金钢轧制而成,分为 HRB335、HRB400、HRB500、HRBF335、HRBF400、HRBF500 6 个牌号,其中 H 表示热轧、R 表示带肋、F 表示细晶粒。

到施工现场观察,光圆钢筋和带肋钢筋的外型有什么不同?

(2)冷拉钢筋 为了提高钢筋的强度及节约钢筋,工地上常按施工规范,控制一定的冷拉应力或冷拉率,对热轧钢筋进行冷拉。

冷拉Ⅰ级钢筋适用于钢筋混凝土结构中的受拉钢筋,冷拉Ⅱ,Ⅲ,Ⅳ级钢筋可用作预应力混凝土结构的预应力筋。

(3)冷轧带肋钢筋 冷轧带肋钢筋是由普通低碳钢或低合金钢冷轧而成。圆盘条为母材,经冷轧减径后在其表面形成二面或三面有肋的钢筋。

国家标准《冷轧带肋钢筋》(GB 13788—2008)规定,冷轧带肋钢筋分为 CRB550,CRB650,CRB800,CRB970 等牌号,其中 C,R,B 分别表示"冷轧""带肋"和"钢筋",后面的数字表示钢筋抗拉强度最小值。

冷轧带肋钢筋的公称直径范围为 4～12 mm,其强度高、塑性好;握裹力强,混凝土对冷轧带肋钢筋的握裹力为同直径冷拔钢丝的 3～6 倍;节约钢材,降低成本;提高构件整体质量。

(4)钢丝及钢绞线 大型预应力混凝土构件,由于受力很大,常采用高强度钢丝或钢绞线作为主要受力钢筋。预应力高强度钢丝是用优质碳素结构钢盘条,经酸洗、冷拉,或经回火处理等工艺制成。钢绞线是由2,3,7根直径为2.5~5.0 mm的高强度钢丝,绞捻后经一定热处理清除内应力而制成。

(5)冷轧扭钢筋　冷轧扭钢筋由普通低碳钢热轧圆盘条经冷轧扭工艺加工而成的螺旋状"冷加工变形钢筋"。

5)按钢筋的直径分类

①钢丝:直径为3~5 mm,如图2.7所示。

②细钢筋:直径为6~10 mm,如图2.8所示。

图2.7　钢丝　　　　　　　　　　　　　　图2.8　细钢筋

③中粗钢筋:直径为12~20 mm,如图2.9所示。

④粗钢筋:直径大于20 mm,如图2.10所示。

图2.9　中粗钢筋　　　　　　　　　　　　图2.10　粗钢筋

钢筋从哪几个方面来分类? 有哪些类别?

2.1.3　钢筋的鉴别

（1）涂色鉴别　为了使品种繁多的钢筋在运输保管中不产生混淆,除根据外形鉴别之外,外形相似的不同种类钢筋可以在端部涂不同颜色作为区分标记。具体鉴别如下:

①HPB300 钢筋:涂红色,外形为圆形。

②HRB335 钢筋:不涂色,外形为"人"字纹。

③HRB400 钢筋:涂白色,外形为"人"字纹。

④HRB500 钢筋:涂黄色,外形为螺旋纹。

（2）钢筋表面刻痕鉴别　每根钢筋在其端头起每500 mm 均刻划有钢筋的牌号、生产厂家字母代号（厂家的汉语拼音大写字母字头）、级别代号（HRB335 为"3",HRB400 为"4",HRB500 为"5"）、直径（以数字表示,单位为 mm）。以此来鉴别。

（3）火花试验鉴别　如钢筋经多次转运或其他原因,造成标记涂色不清,难以分辨时,可以用火花试验加以区别。方法是:将被试验钢筋放在砂轮上,向下压打出火花,通过火花的形状、流线、颜色等来鉴别钢筋的品种。但这种鉴别方法要由具有丰富实践经验的人员进行。

去建筑工地参观钢筋,现场学习钢筋种类的鉴别。

钢筋的鉴别。

2.2　钢筋的保管

问题引入

经过检验合格的钢筋,运到使用地点后,为确保工程质量及工程进度,避免人力浪费,必须做好保管工作。那么,在保管钢筋时,应注意什么呢? 下面,就带大家了解钢筋的保管知识。

2.2.1　钢筋原材料的保管

钢筋运到使用地点后,为确保工程质量及工程进度,避免人力浪费,在钢筋的堆放、保管中,应注意以下几点:

①放入仓库内或棚内保管。钢筋应堆放在仓库或料棚内,如条件不具备,可露天堆放,但

必须选择地势较高、土质坚实、较平坦的场地,场内不得有杂草。露天堆放场地或仓库等四周应挖排水沟,以利泄水。堆放钢筋时,下面应加垫木,离地距离不少于200 mm,以便通风,防止钢筋锈蚀和污染,还可利用钢筋存放架存放。

②分别挂牌堆放。钢筋应按不同等级、牌号、炉号、规格、长度分别挂牌堆放,并标明数量,还应附有出厂证明或试验报告单。

③垛间留出通道。钢筋堆垛之间应留出通道,以利于查找、取运和存放。

④防止钢筋锈蚀。钢筋不得和酸、盐、油等类物品存放在一起,堆放钢筋地点附近不得有有害气体源,以防污染和腐蚀钢筋。

⑤专人管理。钢筋应设专人管理,建立严格的验收、保管和领取制度。

2.2.2 钢筋成品保管

当钢筋弯曲成型后,即可称为钢筋加工工序的"成品"。

①弯曲成型的钢筋必须轻抬轻放,避免产生变形。

②弯曲成型的钢筋必须通过加工操作人员的自检。同一编号的钢筋成品清点无误后,应将其全部运离加工地点,送到指定的堆放场地(最好是仓库)。由专职质量检查人员复检合格后的成品才能进入成品仓库。

③堆放时,要按工程名称和构件名称,依照编号顺序分别存放。同一项工程或同一构件的钢筋放在一起,按号码给钢筋挂上料牌(要注明构件名称、部位、钢筋尺寸、钢号、直径、根数等),缩尺钢筋的料牌不能遗漏(必要时加制分号料牌)。不能把多项工程的钢筋混放,同时要考虑施工顺序,防止先用的钢筋被压在下面,再进行翻垛时把其他钢筋压变形。

钢筋的保管。

钢筋在储存保管中有哪些要求?

1.是非题(对的画"√",错的画"×")

(1)钢号越大,含碳量就越高,强度及硬度也就越高,但塑性、韧性、冷弯及焊接性能等均降低。
( )

（2）HRB335 级钢筋的强度、塑性、焊接等综合使用均较好,是应用最广泛的钢筋品种。

（　　）

（3）HRB500 级钢筋强度高,主要经冷拉后用于预应力钢筋混凝土的结构中。　（　　）

（4）钢筋不要和酸、盐、油这一类物品放在一起。　（　　）

（5）钢筋必须严格分类、分级、分牌号堆放,不合格的钢筋另做标识,分开堆放。　（　　）

（6）堆放钢筋的场地要干燥,一般用枕垫搁起,离地面 200 mm 以上。非急用钢筋宜放在有棚盖的仓库内。　（　　）

（7）HRB 是热轧带肋钢筋的代号。　（　　）

（8）伸长率是衡量钢筋塑性性能的重要指标,伸长率越大,钢筋的塑性越差。　（　　）

（9）钢筋试件经过冷弯,在弯心处不发生裂缝、起层或断裂,即为合格。　（　　）

（10）钢筋面层有颗粒状或片状分离现象,呈深褐色或黑色的钢筋可以使用。　（　　）

2. 选择题

（1）钢筋抵抗变形的能力称为_____。

　A. 强度　　　　　　　B. 刚度　　　　　　　C. 可塑性　　　　　　　D. 抗冲击能力

（2）钢材中磷能_____钢材的塑性、韧性、焊接性能。

　A. 显著地提高　　　B. 显著地降低　　　C. 略微提高　　　　　D. 略微降低

（3）拉伸试验包括_____指标。

　A. 屈服点、抗拉强度　　　　　　　　　B. 抗拉强度和伸长率

　C. 屈服点、抗拉强度、伸长率　　　　　D. 冷拉、冷拔、冷轧、调直 4 种

（4）钢筋混凝土板的配筋构造有_____。

　A. 受力钢筋和分布钢筋　　　　　　　B. 受力钢筋和构造钢筋

　C. 受力钢筋　　　　　　　　　　　　D. 受力钢筋、构造钢筋、分布钢筋

3. 计算题

Φ12 的 HPB300 级钢筋试样,冷拉前试样标距长 60 mm,经试验拉断后测得标距长77 mm,求该钢筋的伸长率δ。

4. 简答题

（1）钢筋主要满足哪几种机械性能?

（2）钢筋混凝土构件用的钢筋其表面应达到什么要求?

鉴别钢筋类别以及检查钢筋堆放

1. 训练目的

(1) 鉴别钢筋类别。

(2) 检查钢筋堆放是否符合要求。

2. 训练要求

(1) 在训练中要注意安全。

(2) 在训练中要作好记录。

(3) 写出训练报告。

3. 训练所需的资源

(1) 施工现场。

(2) 钢筋实物。

4. 训练安排

(1) 2 人一小组,观察、讨论、确认钢筋的类别(相互交换),其中 1 人兼作记录。

(2) 检查钢筋的堆放保管是否正确合理和不足。

5. 训练时间

2 课时。

6. 评分

鉴别钢筋类别和检查钢筋堆放评分见表 2.1。

表 2.1　鉴别钢筋类别和检查钢筋堆放评分表

序　号	评分项目	满　分	实得分	备　　注
1	鉴别类型	40		
2	钢筋标牌	10		
3	钢筋堆放	40		
4	2 人配合	10		
	合　　计	100		

钢筋的力学试验(伸长率)以及检测报告填写

1. 训练目的

(1) 会进行原始材料的送样。

(2) 能进行钢筋伸长率的试验以及钢筋伸长率的计算。

2. 训练要求

(1) 送样材料位置、长短符合要求。

(2) 在试验中要注意安全。

（3）在试验中要做好原始记录。

（4）能计算钢筋的伸长率。

（5）会正确填写试验报告单。

3．训练所需的资源

（1）建筑力学实验室。

（2）钢筋实物。

（3）原始记录表。

（4）试验报告单。

4．训练安排

（1）2人一小组，观察、讨论、试验（相互交换），其中1人兼作记录。

（2）观察其断后状态和伸长值。

5．训练时间

4课时。

6．评分

指导教师观察、检查试验情况以及检查记录、报告单是否准确。

教学评估

见本书附录或光盘。

3　钢筋的计算与配料

钢筋计算的基本知识

钢筋的配料

能熟练掌握"平法"钢筋计算的基本原理以及"平法"

钢筋计算的基本知识

会正确编写钢筋配料单以及填写钢筋料牌

钢筋计算在钢筋工程中具有非常重要的作用。按照结构施工图的要求,对钢筋进行加工和安装时,必须计算下料钢筋的长度。那么,如何对钢筋下料? 如何编制钢筋配料单? 下面,就带大家一起学习钢筋的计算和配料。

3.1 钢筋计算的基础知识

3.1.1 "平法"钢筋计算基本原理

1)"平法"基本原理

"平法"视全部设计过程与施工过程为一个完整的主系统。主系统由多个子系统构成,包括基础结构、柱墙结构、梁结构、板结构,各子系统有明确的层次性、关联性和相对完整性。

①层次性:基础→柱、墙→梁→板,均为完整的子系统。

②关联性:柱、墙以基础为支座→柱、墙与基础关联,梁以柱为支座→梁与柱关联,板以梁为支座→板与梁关联,如图3.1所示。

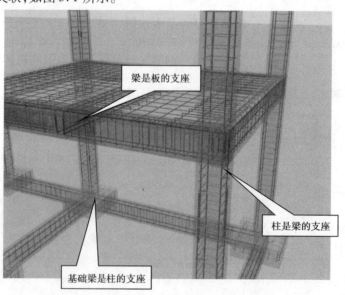

图 3.1 结构各构件的连接关系(支座)

③相对完整性:

a. 基础自成体系,仅有自身的设计内容而无柱或墙的设计内容;

b. 柱、墙自成体系,仅有自身的设计内容(包括在支座内的锚固纵筋)而无梁的设计内容;

c.梁自成体系,仅有自身的设计内容(包括在支座内的锚固纵筋)而无板的设计内容;

d.板自成体系,仅有板自身的设计内容(包括在支座内的锚固纵筋)。

④平法设计规则:

a.平面注写方式、列表注写方式与截面注写方式相结合;

b.集中标注与原位标注相结合;

c.特殊构造不属于标准化内容。

2)"平法"应用原理

①将结构设计分为"创造性设计"内容与"重复性(非创造性)设计"内容两部分,两部分为对应互补关系,合并构成完整的结构设计。

②设计工程师以数字化、符号化的平面整体设计制图规则完成其创造性设计内容部分。

③重复性设计内容部分:主要是节点构造和杆件构造以广义标准化方式编制成国家建筑标准构造设计(国家标准设计图集)。

正是由于"平法"设计的图纸拥有这样的特性,因此我们在计算钢筋工程量时首先结合"平法"的基本原理准确理解数字化、符号化的内容,才能准确地计算钢筋工程量。

3)钢筋计算原理

在计算钢筋工程量时,其最终原理就是计算钢筋的长度。钢筋工程量计算原理如下:

$$钢筋质量 = 钢筋长度 \times 根数 \times 理论质量$$

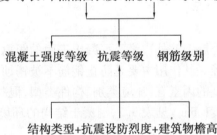

3.1.2 "平法"钢筋计算基本知识

1)钢筋的公称截面面积、计算截面面积及理论质量(见表3.1)

表3.1 钢筋的公称截面面积、计算截面面积及理论质量

公称直径/mm	不同根数钢筋的计算截面面积/mm²									单根钢筋理论质量/(kg·m⁻¹)
	1	2	3	4	5	6	7	8	9	
6	28.3	57	85	113	142	170	198	226	255	0.222
6.5	33.2	66	100	133	166	199	232	265	299	0.26
8	50.3	101	151	201	252	302	352	402	453	0.395
8.2	52.8	106	158	211	264	317	370	423	475	0.432
10	78.5	157	236	314	393	471	550	628	707	0.617

续表

公称直径/mm	不同根数钢筋的计算截面面积/mm²									单根钢筋理论质量/(kg·m⁻¹)
	1	2	3	4	5	6	7	8	9	
12	113.1	226	339	452	565	678	791	904	1 017	0.888
14	153.9	308	461	615	769	923	1 077	1 231	1 385	1.21
16	201.1	402	603	804	1 005	1 206	1 407	1 608	1 809	1.58
18	254.5	509	763	1 017	1 272	1 527	1 781	2 036	2 290	2
20	314.2	628	942	1 256	1 570	1 884	2 199	2 513	2 827	2.47
22	380.1	760	1 140	1 520	1 900	2 281	2 661	3 041	3 421	2.98
25	490.9	982	1 473	1 964	2 454	2 945	3 436	3 927	4 418	3.85
28	615.8	1 232	1 847	2 463	3 079	3 695	4 310	4 926	5 542	4.83
32	804.2	1 609	2 413	3 217	4 021	4 826	5 630	6 434	7 238	6.31
36	1 017.9	2 036	3 054	4 072	5 089	6 107	7 125	8 143	9 161	7.99
40	1 256.6	2 513	3 770	5 027	6 283	7 540	8 796	10 053	11 310	9.87
50	1 964	3 928	5 892	7 856	9 820	11 784	13 748	15 712	17 676	15.42

注:表中直径 $d = 8.2$ mm 的计算截面面积及理论质量仅适用于有纵肋的热处理钢筋,每米钢筋的重量(kg)也可按 $0.006\ 17 \times d^2$ 进行计算,其中 d 为钢筋直径,单位为 mm。

2)混凝土的最小保护层厚度

混凝土的保护层厚度是指最外层钢筋外边缘至混凝土表面的距离,构件中受力钢筋的保护层厚度不应小于钢筋的公称直径。其作用主要是防止钢筋不被锈蚀,同时保证钢筋与混凝土之间的黏结力。影响保护层厚度的因素有:环境类别、构件类型、混凝土强度等级和结构设计年限。混凝土保护层的最小厚度(mm)见表 3.2,混凝土结构的环境类别见表 3.3,各种构件混凝土保护层厚度 c 如图 3.2 所示。

表 3.2　混凝土保护层的最小厚度　　　　　　　　　单位:mm

环境类别	板、墙	梁、柱
一	15	20
二 a	20	25
二 b	25	35
三 a	30	40
三 b	40	50

注:①表中混凝土保护层厚度指最外层钢筋外边缘至混凝土表面的距离,适用于设计使用年限为 50 年的混凝土结构。

②构件中受力钢筋的保护层厚度不应小于钢筋的公称直径。

③设计使用年限为 100 年的混凝土结构,一类环境中,最外层钢筋的保护层厚度不应小于表中数值的 1.4 倍;二、三类环境中,应采取专门的有效措施。

④混凝土强度等级不大于 C25 时,表中保护层厚度数值应增加 5。

⑤基础底面钢筋的保护层厚度,有混凝土垫层时应从垫层顶面算起,且不应小于 40 mm。

表 3.3　混凝土结构的环境类别

环境类别	条　件
一	室内干燥环境； 无侵蚀性静水浸没环境
二 a	室内潮湿环境； 非严寒和非寒冷地区的露天环境； 非严寒和非寒冷地区与无侵蚀性的水或土壤直接接触的环境； 严寒和寒冷地区的冰冻线以下与无侵蚀性的水或土壤直接接触的环境
二 b	干湿交替环境； 水位频繁变动环境； 严寒和寒冷地区的露天环境； 严寒和寒冷地区冰冻线以上与无侵蚀性的水或土壤直接接触的环境
三 a	严寒和寒冷地区冬季水位变动区环境； 受除冰盐影响环境； 海风环境
三 b	盐渍土环境； 受除冰盐作用环境； 海岸环境
四	海水环境
五	受人为或自然的侵蚀性物质影响的环境

注:①室内潮湿环境是指构件表面经常处于结露或湿润状态的环境。

②严寒和寒冷地区的划分应符合现行国家标准《民用建筑热工设计规范》(GB 50176)的有关规定。

③海岸环境和海风环境宜根据当地情况,考虑主导风向及结构所处迎风、背风部位等因素的影响,由调查研究和工程经验确定。

④受除冰盐影响环境是指受到除冰盐盐雾影响的环境;受除冰盐作用环境是指被除冰盐溶液溅射的环境以及使用除冰盐地区的洗车房、停车楼等建筑。

⑤暴露的环境是指混凝土结构表面所处的环境。

3)钢筋的锚固值

　　为使钢筋和混凝土共同受力,使钢筋从混凝土中不被拔出来,除了要在钢筋末端弯钩外,还需要把钢筋伸入支座处,其伸入支座的长度除了满足设计要求外,还要不小于钢筋的基本锚固长度。11G101-1 图集第 53 页对受拉钢筋的基本锚固长度的规定见表 3.4。11G101 图集中关于锚固值的确定通过条件计算得到,相关规定见表 3.5 和表 3.6。

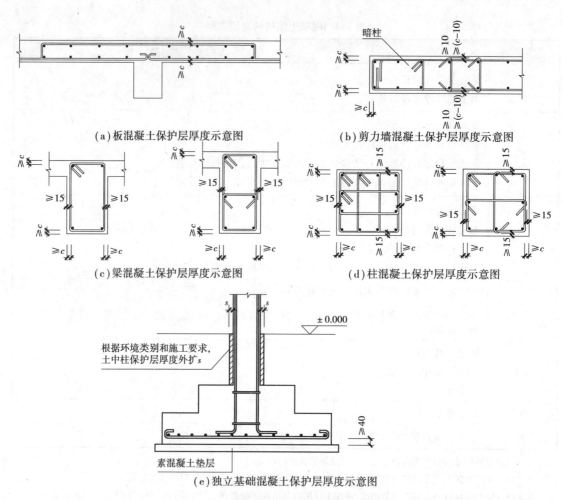

（a）板混凝土保护层厚度示意图　　　　（b）剪力墙混凝土保护层厚度示意图

（c）梁混凝土保护层厚度示意图　　　　（d）柱混凝土保护层厚度示意图

（e）独立基础混凝土保护层厚度示意图

图 3.2　各种构件混凝土保护层厚度 c 示意图

表 3.4　受拉钢筋的基本锚固长度 l_{ab}，l_{abE}

钢筋种类	抗震等级	混凝土强度等级								
		C20	C25	C30	C35	C40	C45	C50	C55	≥C60
HPB300	一、二级（l_{abE}）	45d	39d	35d	32d	29d	28d	26d	25d	24d
	三级（l_{abE}）	41d	36d	32d	29d	26d	25d	24d	23d	22d
	四级（l_{abE}）非抗震（l_{ab}）	39d	34d	30d	28d	25d	24d	23d	22d	21d
HRB335 HRBF335	一、二级（l_{abE}）	44d	38d	33d	31d	29d	26d	25d	24d	24d
	三级（l_{abE}）	40d	35d	31d	28d	26d	24d	23d	22d	22d
	四级（l_{abE}）非抗震（l_{ab}）	38d	33d	29d	27d	25d	23d	22d	21d	21d

续表

钢筋种类	抗震等级	混凝土强度等级								
		C20	C25	C30	C35	C40	C45	C50	C55	≥C60
HRB400 HRBF400 RRB400	一、二级(l_{abE})	—	46d	40d	37d	33d	32d	31d	30d	29d
	三级(l_{abE})	—	42d	37d	34d	30d	29d	28d	27d	26d
	四级(l_{abE}) 非抗震(l_{ab})	—	40d	35d	32d	29d	28d	27d	26d	25d
HRB500 HRBF500	一、二级(l_{abE})		55d	49d	45d	41d	39d	37d	36d	35d
	三级(l_{abE})		50d	45d	41d	38d	36d	34d	33d	32d
	四级(l_{abE}) 非抗震(l_{ab})		48d	43d	39d	36d	34d	32d	31d	30d

表 3.5　受拉钢筋锚固长度 l_a,抗震锚固长度 l_{aE}

非抗震	抗震	
		1. l_a 不应小于 200 mm。
		2. 锚固长度修正系数 ζ_a 按右表取用,当多于一项时,可按连乘计算,但不应小于 0.6。
$l_a = \zeta_a l_{ab}$	$l_{aE} = \zeta_{aE} \times l_{ab}$	3. ζ_{aE} 为抗震锚固长度修正系数,对一、二级抗震等级取 1.15,对三级抗震等级取1.05,对四级抗震等级取 1.00。

表 3.6　受拉钢筋锚固长度修正系数 ζ_a

锚固条件		ζ_a	
带肋钢筋的公称直径大于25		1.10	—
环氧树脂涂层带肋钢筋		1.25	
施工过程中易受扰动的钢筋		1.10	
锚固区保护层厚度	3d	0.80	注:中间时按内插值,d 为锚固钢筋直径
	5d	0.70	

注:①HPB300 级钢筋末端应做180°弯钩,弯后平直段长度不应小于3d,但作受压钢筋时可不做弯钩。

②当锚固钢筋的保护层厚度不大于5d时,锚固钢筋长度范围内应设置横向构造钢筋,其直径不应小于d/4(d 为锚固钢筋的最大直径);对梁、柱等构件间距不应大于5d,对板、墙等构件间距不应大于10d,且均不应大于100d(d 为锚固钢筋的最小直径)。

4)钢筋的连接

钢筋的连接可分为绑扎搭接、机械连接或焊接。机械连接接头和焊接接头的类型及质量应符合国家现行有关标准的规定。受力钢筋的接头宜设置在受力较小处,在同一根钢筋上宜少设接头。当受拉钢筋的直径 $d > 25$ mm 及受压钢筋的直径 $d > 28$ mm 时,不宜采用绑扎搭接接头。

①同一构件中相邻纵向受力钢筋的搭接接头宜相互错开。

a. 钢筋绑扎搭接接头。连接区段的长度为 1.3 倍搭接长度 l_l,凡搭接接头中点位于该连接区段长度内的搭接接头均属于同一连接区段(见图 3.3)。

注:如图 3.3 所示的同一连接区段内的接头的钢筋为两根,当钢筋直径相同时,钢筋接头面积百分率为 50% 。

位于同一连接区段内的受拉钢筋绑扎搭接接头面积百分率:对梁类、板类及墙类构件,不

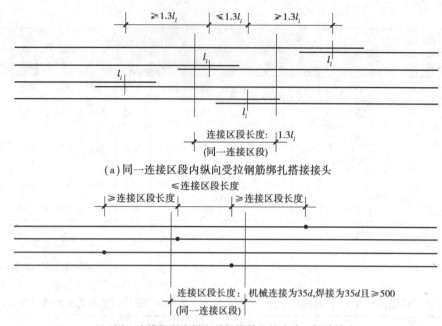

（a）同一连接区段内纵向受拉钢筋绑扎搭接接头

（b）同一连接区段内纵向受拉钢筋机械连接、焊接接头

图 3.3 同一连接区段内的纵向受拉钢筋绑扎搭接接头、机械连接、焊接接头

宜大于 25%；对柱类构件，不宜大于 50%。当工程中确有必要增大受拉钢筋搭接接头面积百分率时，对梁类构件，不应大于 50%；对板类、墙类及柱类构件，可根据实际情况放宽。

b. 钢筋机械连接接头。连接区段的长度为 $35d$（d 为纵向受力钢筋的较大直径），凡接头中点位于该连接区段长度内的机械连接接头均属于同一连接区段（见图 3.3）。在受力较大处设置机械连接接头时，位于同一连接区段内的纵向受拉钢筋接头面积百分率不宜大于 50%，纵向受压钢筋的接头面积百分率可不受限制。

c. 钢筋焊接接头。连接区段的长度为 $35d$（d 为纵向受力钢筋的较大直径）且不小于 500 mm，凡接头中点位于该连接区段长度内的焊接接头均属于同一连接区段（见图 3.3）。位于同一连接区段内纵向受力钢筋的焊接接头面积百分率，对纵向受拉钢筋接头不应大于 50%，纵向受压钢筋的接头面积百分率可不受限制。

注：同一连接区段内纵向钢筋搭接接头面积百分率，为该区段内所有搭接接头的纵向受力钢筋截面面积与全部纵向受力钢筋截面面积的比值。

②纵向受拉钢筋绑扎搭接长度 l_{lE}、l_l 见表 3.7。

表 3.7 纵向受拉钢筋绑扎搭接长度 l_{lE}、l_l

纵向受拉钢筋绑扎搭接长度 l_{lE} 与 l_l	
抗震	非抗震
$l_{lE} = \xi l_{aE}$	$l_l = \xi l_a$

注：①当不同直径的钢筋搭接时，其 l_{lE} 与 l_l 值按较小的直径计算；

②在任何情况下，l_{lE} 或 l_l 不得小于 300 mm；

③式中 ξ_l 为搭接长度修正系数，按表 3.8 取值。

表 3.8 纵向受拉钢筋搭接长度修正系数 ξ 取值

纵向受拉钢筋搭接长度修正系数 ξ			
纵向钢筋搭接接头面积百分率/%	≤25	50	100
ξ_l	1.2	1.4	1.6

注:①当钢筋长度不够(一般直条钢筋都有定尺长度,分别有 9,12 m 等)需要接长所发生的驳接,
　　可采用绑扎搭接、焊接或机械连接。

　　②构件中的纵向受压钢筋,当采用搭接连接时,其受压搭接长度不应小于表 3.8 中纵向受拉
　　钢筋搭接长度的 0.7 倍,且在任何情况下不应小于 200 mm。

5)钢筋的弯钩及弯折角度

①《混凝土结构工程施工质量验收规范》(GB50204—2002,2011 年版)第 5.3.1 条规定:
受力钢筋的弯钩及弯折应符合下列规定:

a. HPB300 级钢筋末端应做 180°弯钩,其弯弧直径不应小于钢筋直径的 2.5 倍,弯钩弯后
的平直部分长度不应小于钢筋直径的 3 倍,如图 3.4(a)所示。

b. 当设计要求钢筋末端需做 135°弯钩时,HRB335 级、HRB400 级钢筋的弯弧直径不应小
于钢筋直径的 4 倍,弯钩弯后的平直部分长度应符合设计要求,如图 3.4(b)所示。

c. 钢筋做不大于 90°的弯折时,弯折处弯弧内直径不应小于钢筋直径的 5 倍,如图 3.4(c)
所示。

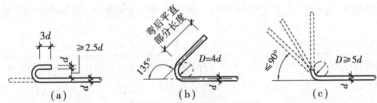

图 3.4 钢筋的弯钩和弯折

②《混凝土结构工程施工质量验收规范》(GB50204—2002,2011 年版)第 5.3.2 条规定:
除焊接封闭式箍筋外,箍筋的末端应做弯钩,弯钩形式应符合设计要求;当设计无具体要求时,
应符合下列规定:

a. 箍筋弯钩的弯弧内直径除应满足规范第 5.3.1 条的规定外,还应不小于受力钢筋直径。

b. 箍筋弯钩的弯折角度:对一般结构,不应小于 90°;对有抗震等要求的结构,应为 135°。

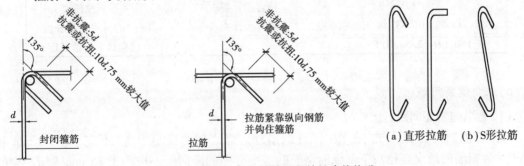

图 3.5 梁、柱、剪力墙箍筋和拉筋弯钩构造

c.箍筋弯后平直部分长度:对一般结构,不宜小于箍筋直径的 5 倍;对有抗震等要求的结构,不应小于箍筋直径的 10 倍和 75 mm 两者的较大值,如图 3.5 所示。螺旋箍筋的构造和弯钩弯后平直部分不宜小于箍筋直径的 10 倍,如图 3.6 所示。

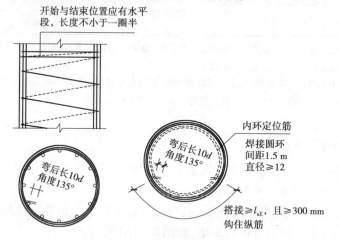

图 3.6　螺旋箍筋构造

③箍筋的平直段长度和弯钩增加长度及弯曲调整值可参考表 3.9、表 3.10、表 3.11 数据(箍筋的直径为 d,弯曲直径为 D,即 $D=4d$)。

表 3.9　箍筋的弯钩增加长度值

弯钩形式($D=4d$)	弯钩平直段长度	箍筋一个弯钩增加长度值
90°	≥5d(无抗震要求)	≥6.2d
135°	≥10d(有抗震要求)	≥11.9d

注:箍筋弯钩增加长度值已包含弯钩平直段长度内,在 11G101 中弯钩平直段长度为 max(10d,75 mm)。

表 3.10　钢筋弯曲调整值

弯折角度($D=4d$)	30°	45°	60°	90°	135°
弯曲调整值	0.35d	0.55d	0.85d	2d	2.5d

表 3.11　直钢筋的弯钩增加长度值

弯钩形式	弯钩平直段长度	弯钩增加长度值
90°($D=5d$)	符合设计要求	3.5d+平直段长度
135°($D=4d$、HRB335 级、HRB400 级)	符合设计要求	4.9d(或 5d)+平直段长度
180°($D=2.5d$,HPB300 级)	3d	6.25d(已包括平直段长度)

6)纵向钢筋间距

(1)梁纵向钢筋间距(图 3.7)

梁上部纵向钢筋水平方向的净间距(钢筋外边缘之间的最小距离)不应小于 30 mm 和 1.5d(d 为钢筋的最大直径);下部纵向钢筋的水平方向的净间距不应小于 25 mm 和 d。梁的下部纵筋配置多于两排时,两排以上钢筋水平方向的中距应比下面两排的中距增大 1 倍。各

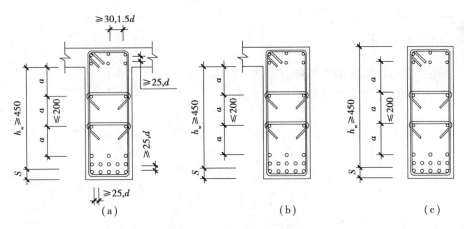

图 3.7 梁纵向钢筋间距

排钢筋之间的净间距不应小于 25 mm 和 d。

当梁的腹板高度 $h_w \geq 450$ mm 时,在梁的两个侧面应沿高度配置纵向构造钢筋,其间距 a 不宜大于 200 mm。当设计注明梁侧面纵向钢筋为抗扭钢筋时,侧面纵向钢筋应均匀布置。图 3.7 中 S 为梁底至梁下部纵向受拉钢筋合力点距离。当梁下部纵筋为一排时,S 取至钢筋中心位置;当梁下部纵筋为两排时,S 可近似取值为 60 mm。

(2)柱纵向钢筋间距(图 3.8)

柱中纵向受力钢筋的净间距不应小于 50 mm。柱中纵向受力钢筋中心距不应大于 300 mm;抗震且截面尺寸大于 400 mm 的柱,其中心距不宜大于 200 mm。

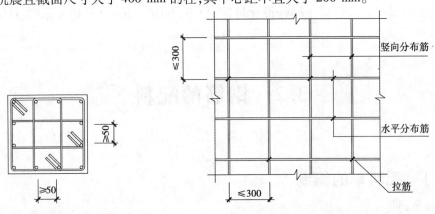

图 3.8 柱纵向钢筋间距　　　图 3.9 剪力墙分布钢筋间距

(3)剪力墙分布钢筋间距(图 3.9)

混凝土剪力墙水平分布钢筋及竖向分布钢筋间距(中心距)不应大于 300 mm。

(4)筏形基础、箱形基础底板和地下室结构楼板柱纵向钢筋间距

筏形基础中纵向受力钢筋的间距(中心距)不应小于 150 mm,宜为 200~300 mm;箱形基础底板和地下室结构楼板纵向钢筋间距(中心距)不应大于 200 mm。当基础筏板厚度大于 2 m 时,宜在板厚度方向设计间距不大于 1 m 直径不小于 12 mm、间距不大于 200 mm 的双向钢筋网片。

练习作业

（1）"平法"钢筋计算的基本原理有哪些？

（2）"平法"钢筋计算应具备哪些基础知识？

活动建议

阅读《混凝土结构设计规范》（GB 50010—2010）等。

（1）训练目的：理解"平法"钢筋计算的相关知识。

（2）训练要求：作好记录。

（3）训练所需资源：《混凝土结构设计规范》（GB 50010—2010）及相关标准、11G101 系列图集等。

3.2 钢筋的配料

3.2.1 配料单的编制

1）配料单的定义

配料单是根据施工图纸中钢筋的品种、规格及外形尺寸、数量进行编号，并计算下料长度，用表格形式表达的单据。

2）配料单的作用

钢筋配料单是确定钢筋下料加工的依据，是提出材料计划、签发任务单和限额领料单的依据。它是钢筋施工的重要工序，合理的配料单能节约材料、简化施工操作。

3）配料单的形式

钢筋配料单一般由构件名称、钢筋编号、钢筋简图、尺寸、钢号、数量、下料长度及质量等内容组成，表 3.12 是某办公楼钢筋混凝土简支梁 L1 的配料单形式。

表 3.12　钢筋翻样配料单

工程名称:××教学楼

工程部位:第 5 层　　　　　　　　　　　　　　　　　　　　　　日期:2012-04-16

钢筋编号	规格	钢筋图形	断料长度/mm	根数	合计根数	总重/kg	备注
6	Φ14	210 ⌐ 4 380 单 8 790 ¬ 210	4 590/9 000	1	1	16.444	①~⑨轴上部通长筋
7	Φ14	210 ⌐ 2 050	2 260	1	1	2.735	①轴上一排右支座筋
8	Φ14	3 890	3 890	1	1	4.707	⑤轴上一排支座筋
9	Φ14	2 540	2 540	1	1	3.073	⑦轴上一排支座筋
10	Φ14	1 370 ¬ 210	1 580	1	1	1.912	⑨轴上一排左支座筋
11	φ8@100/200(2)	450 □ 200	1 516	34	34	20.36	第1跨
12	φ6	220	382	14	14	1.187	第1跨
13	φ8@100/200(2)	350 □ 200	1 316	46	46	23.912	第2跨;第3跨

接头统计	规格	数量	丝扣类型		
	Φ14	2			
	合计	2			

构件名称:KL-18	构件数量:1

构件位置:⑧轴/①~⑤轴

单根构件重量:196.694 kg　　　　总重量:196.694 kg

注:每米钢筋的质量公式 $Q = 0.006\,17d^2$,单位为 kg,d 表示钢筋直径。

4)配料单编制步骤

①熟悉图纸,识读构件配筋图,弄清每一编号钢筋直径、规格、种类、形状和数量,以及在构件中的位置和相互关系。

②绘制钢筋简图。

③计算每种规格的钢筋下料长度。

④填写钢筋配料单。

⑤填写钢筋料牌。

3.2.2 料牌的制作

钢筋除填写配料单外,还需将每一编号的钢筋制作相应的标牌与标志,也称料牌。料牌作为钢筋加工的依据,并在安装中作为区别工程项目的标志。如图3.10所示即为钢筋料牌。

正面   反面

图3.10 钢筋料牌

3.2.3 钢筋的配料计算

[例3.1] 某教学楼工程有独立基础(J-1)共10个,其配筋详图如图3.11所示,独立基础混凝土强度等级C30,垫层混凝土强度等级C15,基础保护层厚度为40 mm,试编制该工程独立基础(J-1)的钢筋配料单和料牌。

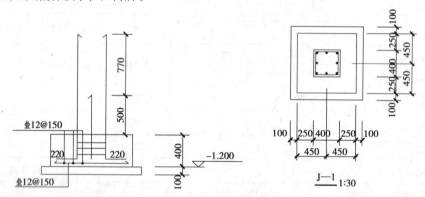

图3.11 J-1 配筋详图

[解] (1)计算独立基础(J-1)各钢筋下料长度

独立基础底筋长度 = 基础长度 − 2 × 保护层 + 弯钩增加长度 − 弯曲调整值 = 450 × 2 − 40 × 2 − 0 − 0 = 820(mm)

注:该独立基础钢筋为HRB400级钢筋("⊕"),因而末端无弯钩和弯曲调整值。

根数 = [边长 − min(75, $s/2$) × 2]/间距 + 1

      = [450 × 2 − min(75, 150/2) × 2]/150 + 1 = (900 − 75 × 2)/150 + 1 = 6(根)

（2）绘制钢筋翻样配料单（见表 3.13）

表 3.13　钢筋翻样配料单

工程名称：××教学楼　　　　　　　　　　　　　　　　　　　　　　　第 1 页 共 1 页

钢筋编号	规格	钢筋图形	断料长度/mm	根数	总根数	总长/m	总重/kg	备注
构件信息：0 层（基础层）\基础\J-1 个数：1 构件单质（kg）：8.736　构件总质（kg）：87.36								
1	⽤ 12	820	820	6	60	49.2	43.68	基础横向筋
2	⽤ 12	820	820	6	60	49.2	43.68	基础纵向筋

（3）制作料牌

料牌如图 3.12 所示，独立基础 J-1 配筋三维图如图 3.13 所示。

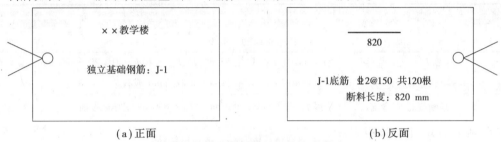

（a）正面　　　　　　　　　　　　　　　　　　（b）反面

图 3.12　独立基础（J-1）料牌

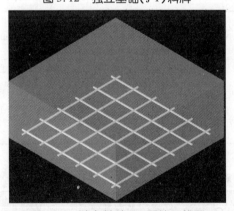

图 3.13　独立基础 J-1 配筋三维图

［例 3.2］　某教学楼工程框架梁 KL1（1A）局部配筋图如图 3.14 所示，梁柱混凝土强度等级 C30，混凝土保护层厚度均为 20 mm，抗震等级二级，钢筋锚固参照 11G101-1 图集，试编制该工程框架梁 KL1（1A）的钢筋配料单。

［解］　（1）计算框架梁 KL1（1A）各钢筋下料长度，见表 3.14～表 3.21。

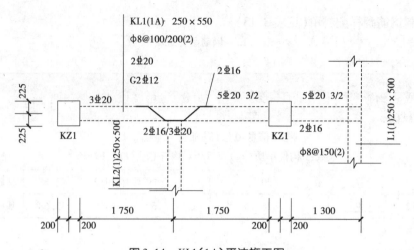

图3.14 KL1(1A)平法施工图

表3.14 上部筋下料长度计算(2Φ20)

步骤	内 容	计算过程
	上部通长筋2Φ20	
第1步	计算 l_{aE}(二级抗震等级,C30混凝土)	查11G101-1图集第53页,则:$l_{abE} = 40d = 40 \times 20 = 800$ mm;$l_{aE} = l_{abE} \times \zeta_a = 40d \times 1 = 40 \times 20 \times 1 = 800$ mm(或查表3.4)
第2步	判断直锚或弯锚	左支座 $400 - 20 = 380$ mm $< l_{aE} = 800$ mm,则需弯锚
	查11G101-1图集第89页,计算悬挑端弯折长度	悬挑端弯折长度:$12d = 12 \times 20 = 240$ mm
第3部	查11G101-1图集第79页,计算弯折长度	左支座弯折长度:$15d = 15 \times 20 = 300$ mm
第4步	计算上部通长筋下料长度	单根长度 $= 1\,750 \times 2 + 400 \times 2 + 1\,300 - 20 \times 2 + 240 + 300 - 2 \times 20 \times 2 = 6\,020$ mm 总长:$6\,020$ mm $\times 2 = 12\,040$ mm
第5步	计算接头个数	无

表3.15 上部支座负筋下料长度计算(Φ20)

步骤	内 容	计算过程
第1步	计算 l_{aE}(二级抗震等级,C30混凝土)	查11G101-1图集第53页,则:$l_{abE} = 40d = 40 \times 20 = 800$ mm;$l_{aE} = l_{abE} \times \zeta_a = 40d \times 1 = 40 \times 20 \times 1 = 800$ mm(或查表3.4)
第2步	判断直锚或弯锚	左支座 $400 - 20 = 380$ mm $< l_{aE} = 800$ mm,则需弯锚
第3步	查11G101-1图集第79页,计算支座负筋弯折长度	支座负筋弯折长度:$15d = 15 \times 20 = 300$ mm

续表

步骤	内　容	计算过程
第4步	左支座第一排负筋下料长度(1 ⽲20)	单根长度 = 1 750 × 2/3 + 400 − 20 + 300 − 2 × 20 = 1 807 mm
第5步	右支座负筋下料长度(第1排1 ⽲20、第2排2 ⽲20)	右支座第一排负筋下料长度： 单根长 = 1 750 × 2/3 + 400 + 1 300 − 20 = 2 847 mm(查 11G101-1 图集第 89 页,当 l < 4hb 时,可不将钢筋在端部弯下) 右支座第二排负筋下料长度： 单根长 = 1 750 × 2/4 + 400 + 1 300 × 0.75 + 10 × 20 + 1.414 × (550 − 20 × 2) − 0.55 × 20 × 2 = 3 149 mm 总长：3 149 mm × 2 = 6 298 mm

表 3.16　下部筋下料长度计算(3 ⽲20;2 ⽲16)

步骤	内　容	计算过程
		下部第一排(3 ⽲20)下料长度
第1步	计算 l_{aE}(二级抗震等级,C30 混凝土)	查 11G101-1 图集第 53 页,则：$l_{abE} = 40d = 40 × 20 = 800$ mm; $l_{aE} = l_{abE} × \zeta_a = 40d × 1 = 40 × 20 × 1 = 800$ mm(或查表 3.4)
第2步	判断直锚或弯锚	左支座 400 − 20 = 380 mm < l_{aE} = 800 mm,则需弯锚
		悬挑端支座:400 − 20 = 380 mm < l_{aE} = 800 mm,则需弯锚
第3步	查 11G101-1 图集第 79 页,计算弯折长度	弯折长度:15d = 15 × 20 = 300 mm
第4步	计算下部第一排钢筋下料长度(3 ⽲20)	单根长度 = 1 750 × 2 + 400 × 2 − 20 × 2 + 300 × 2 − 2 × 20 × 2 = 4 780 mm 总长:4 780 mm × 3 = 14 340 mm 计算接头个数:无
		下部第二排(2 ⽲16)下料长度
第5步	计算 l_{aE}(二级抗震等级,C30 混凝土)	查 11G101-1 图集第 53 页,则：$l_{abE} = 40d = 40 × 16 = 640$ mm; $l_{aE} = l_{abE} × \zeta_a = 40d × 1 = 40 × 16 × 1 = 640$ mm(或查表 3.4)
第6步	判断直锚或弯锚	左支座 400 − 20 = 380 mm < l_{aE} = 640 mm,则需弯锚
		悬挑端支座:400 − 20 = 380 mm < l_{aE} = 800 mm,则需弯锚
第7步	查 11G101-1 图集第 79 页,计算弯折长度	弯折长度:15d = 15 × 16 = 240 mm
第8步	计算下部第二排筋下料长度	单根长度 = 1 750 × 2 + 400 × 2 − 20 × 2 + 240 × 2 − 2 × 16 × 2 = 4 676 mm 总长:4 676 mm × 2 = 9 352 mm 计算接头个数:无

续表

步骤	内 容	计算过程
	悬挑端下部筋(2⊈16)下料长度	
第9步	计算悬挑端锚入支座长度	查11G101-1图集第89页,则锚入支座长度 = 15d = 15 × 16 = 240 mm
	悬挑端下部筋下料长度(2⊈16)	单根长度 = 1300 + 240 - 20 = 1 520 mm 总长 = 1 520 × 2 = 3 040 mm

表3.17　计算箍筋φ8@100/200(2)下料长度

步骤	内 容	计算过程
第1步	计算箍筋加密区长度	查11G101-1图集第85页可得:加密区长度 = max(1.5h_b,500) = 1.5 × 550 = 825 mm
第2步	计算加密区箍筋个数	左端:(加密区长度 - 50)/100 + 1 = (825 - 50)/100 + 1 = 9 个
		右端:(加密区长度 - 50)/100 + 1 = (825 - 50)/100 + 1 = 9 个
		悬挑端:(悬挑端净长 - 50 × 2)/150 + 1 = (1 300 - 50 × 2)/150 + 1 = 9 个
第3步	计算非加密区箍筋个数	(净跨 - 加密区长度 × 2)/200 - 1 = (1 750 × 2 - 100 × 8 × 2 - 50 × 2)/200 - 1 = 10 个
第4步	计算箍筋总个数	9 + 9 + 9 + 10 = 37 个
第5步	计算箍筋下料长度	单根长度:(250 - 20 × 2 + 550 - 20 × 2) × 2 + 75 × 2 + 1.9 × 8 × 2 - 2 × 8 × 4 - 2.5 × 8 × 2 = 1 516 mm 总长:1516 mm × 37 = 56 092 mm

表3.18　计算梁侧部构造钢筋(G2⊈12)下料长度

步骤	内 容	计算过程
	计算构造钢筋G2⊈12下料长度	
第1步	计算锚入支座长度	11G101-1图集第28页可得:构造钢筋的搭接和锚固长度为15d = 15 × 12 = 180 mm
第2步	计算构造钢筋长度	单根长度 = 1 750 × 2 + 150 + 400 + 1 300 - 20 = 5 330 mm 总长 = 5 330 mm × 2 = 10 660 mm

表3.19　计算拉筋下料长度

步骤	内 容	计算过程
第1步	查图集,确定拉钩直径	查11G101-1图集第87页可得:梁宽≤350 mm时,拉筋直径为φ6,间距为非加密区箍筋间距的2倍,当设有多排时,上下两排应竖向错开设置

续表

步骤	内　容	计算过程
第2步	计算各跨拉筋个数	跨内：[(1 750×2－50×2)/400＋1]×2＝10个
		悬挑端：[(1 300－50×2)/400＋1]×2＝4个
第3步	计算拉筋总个数	10＋4＝14个
第4步	计算拉筋下料长度	单根长度＝(250－20×2)＋2×8＋23.8×6.5－2.5×6.5×2＝349 mm 总长＝349 mm×14＝4 886 mm

表3.20　计算吊筋(2Φ16)下料长度

步骤	内　容	计算过程
第1步	查图集确定吊筋弯折角度	查11G101-1图集第87页可得：梁高≤800 mm时,吊筋弯折角度为45°
第2步	计算吊筋下料长度	单根长度：16×20×2＋250＋50×2＋1.414×(550－20×2)×2－0.55×16×4＝2 397 mm
		总长：2397 mm×2＝4 794 mm

注：①上述箍筋个数计算都采用四舍五入后取整。
　　②绘制料单,见表3.21。

表3.21　框架梁KL1(1A)钢筋翻样配料单

工程名称：××教学楼　　　　　　　　　　　　　　　　　　　　　　　　第1页 共1页

钢筋编号	级别直径	钢筋图形	断料长度/mm	根数	总根数	总长/m	总重/kg	备　注
构件信息：1层(首层)\梁\KL-1(1A) 个数：1 构件单质(kg)：143.345　构件总质(kg)：143.345								
1	Φ20	300⌐5 555⌐240	6 095	2	2	12.19	30.06	面筋/1～3(2)
2	Φ20	2 975	2 975	1	1	2.975	7.336	面筋/2～3(1)
3	Φ20	300⌐4 700	5 000	3	3	15	36.99	底筋/1～2(3)
4	Φ16	240⌐4 536	4 776	2	2	9.552	15.074	底筋/1～2(2/0)
5	Φ16	1 515	1 515	2	2	3.03	4.782	底筋/2～3(2)
6	Φ20	1 547⌐300	1 847	1	1	1.847	4.555	支座钢筋/1(1)

续表

钢筋编号	级别直径	钢筋图形	断料长度/mm	根数	总根数	总长/m	总重/kg	备 注
7	Φ20	2 250	2 250	2	2	4.5	11.098	支座钢筋/2(0/2)
8	Φ12	3 860	3 860	2	2	7.72	6.856	腰筋/1~2(2)
9	Φ12	1 455	1 455	2	2	2.91	2.584	腰筋/2~3(2)
10	φ8	210 510	1 630	35	35	57.05	22.54	箍筋
11	φ6.5	223	378	15	15	5.67	1.47	拉筋

框架梁 KL1(1A)钢筋三维图如图 3.15 所示。

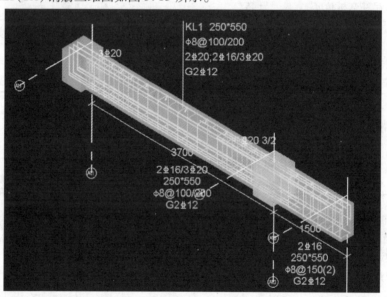

图 3.15　框架梁 KL1(1A)钢筋三维图

练习作业

1.已知某工程独立基础 J-2 钢筋配筋图如图 3.16 所示,基础垫层混凝土强度等级 C15,独立基础混凝土强度等级为 C25,基础混凝土保护层厚度为 40 mm,试计算独立基础 J-2 钢筋下料长度并编制配料单。

2.已知 KL1(3)钢筋平法结构图如图 3.17 所示,框架抗震等级为三级,梁、柱混凝土等级为 C30,混凝土保护层厚度均为 20 mm,试计算 KL1(3)钢筋下料长度并编制配料单。

3.已知某工程一层梁、板、柱配筋图如图 3.18 所示,梁、板、柱混凝土强度等级均为 C30,混凝土保护层厚度梁、柱为 20 mm,板为 15 mm,其中板中负筋分布筋为 Φ8@250。试计算梁、板钢筋下料长度并编制配料单。

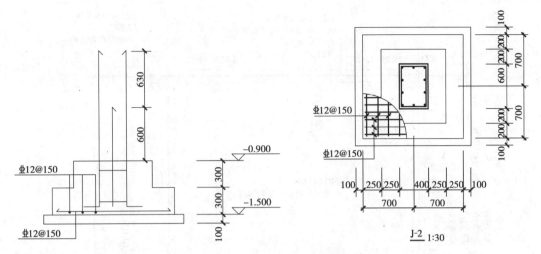

图 3.16 独立基础 J-2 配筋图

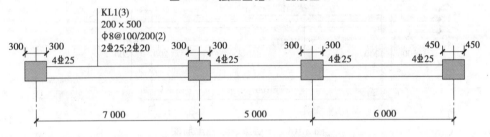

图 3.17 KL1(3)平法结构图

4.根据下述已知条件计算图 3.19 中 KZ1 钢筋的下料长度并编制配料单。

(1)KZ1 计算已知条件见表 3.22：

表 3.22 KZ1 计算已知条件

混凝土强度等级	保护层厚度 c/mm	钢筋连接方式	抗震等级	锚固长度	钢筋定尺长度
C30	基础:40;柱:20;梁:20	剥肋滚扎直螺纹套筒连接	二级抗震	按 11G101-1、按 11G101-3	9 m

(2)KZ1 楼层分布及梁高见表 3.23：

表 3.23 KZ1 楼层分布及梁高表

层号	顶标高/m	层高/m	梁截面尺寸/mm
顶层	15.900	3.6	350×700
3	12.300	3.6	350×700
2	8.700	4.2	350×700
1	4.500	4.5	350×700
基础	基础面标高：−0.800	—	基础厚度:500

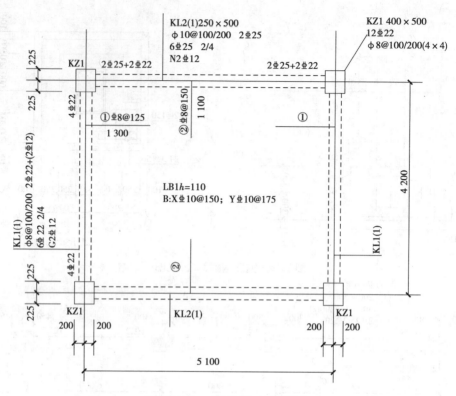

图 3.18　一层梁、板、柱配筋图

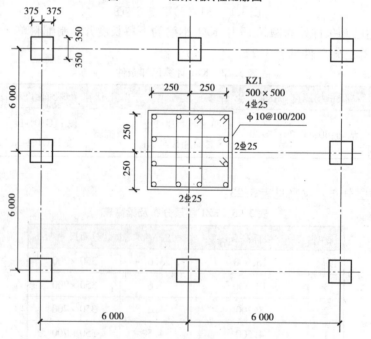

图 3.19　KZ1 配筋图

（注：每条轴线上均有框架梁并随轴线居中布置）

学习鉴定

1. **是非题**(对的画"√",错的画"×")

(1)钢筋混凝土简支板内的底部受力钢筋主要是承受拉力。 （ ）

(2)在钢筋混凝土构件的受拉区域内,HPB300 级钢筋绑扎接头的末端不做弯钩,HRB335,HRB400 级钢筋则要做弯钩。 （ ）

(3)钢筋保护层的作用是防止钢筋生锈,保证钢筋与混凝土之间有足够的粘结力。 （ ）

(4)钢筋配料单是钢筋加工的依据。 （ ）

(5)钢筋下料尺寸应该是钢筋的中心线长度。 （ ）

2. **选择题**

(1)正常环境中梁柱最外层的钢筋或构造筋的保护层厚度不应小于____。

　　A. 20 mm 　　　　　　B. 15 mm 　　　　　　C. 10 mm 　　　　　　D. 5 mm

(2)钢筋混凝土梁中的弯起筋弯起角度一般为____。

　　A. 30° 　　　　　　B. 45° 　　　　　　C. 45°和 60° 　　　　　　D. 60°

(3)HPB300 级钢筋末端的弯钩应做成____。

　　A. 180° 　　　　　　B. 90° 　　　　　　C. 135° 　　　　　　D. 90°或 135°

(4)钢筋工程施工中要看懂____。

　　A. 总平面图 　　　　　　　　　　　B. 土建施工图

　　C. 结构施工图 　　　　　　　　　　D. 土建施工图与结构施工图

(5)钢筋下料尺寸应该是钢筋____的长度。

　　A. 外皮之间 　　　　B. 中心线 　　　　C. 里皮之间 　　　　D. 模板间

3. **计算题**

(1)求Φ25 钢筋 5 m 长的质量是多少千克?

(2)已知钢筋的每 m 质量为 1.21 kg,求该钢筋的直径是多少?

4. **简答题**

(1)钢筋混凝土构件的混凝土保护层作用是什么?

(2)什么是配料单? 其作用是什么?

(3)钢筋料牌的作用是什么?

实习实作

1. 训练目的

（1）能识读构件配筋图。

（2）能正确计算各代号钢筋的下料长度。

（3）正确填写配料单和料牌的标识。

2. 训练要求

（1）识图准确。

（2）绘制各代号钢筋的简图正确。

（3）确保下料长度计算正确。

（4）填写配料单正确。

（5）料牌填写、挂牌正确。

3. 训练所需的资源

（1）某施工现场和办公室。

（2）钢筋实物、多种构件成品。

（3）构件图纸。

（4）记录本、笔、计算器。

（5）绘图工具等。

4. 训练安排

（1）4 人一小组，互相协作完成。

（2）组长领取分配任务、图纸、材料和工具。

（3）先独立完成，小组内部自检。

（4）老师抽检、综合检查。

（5）归还材料，工完场清。

5. 训练时间

4 课时。

6. 评分（略）

教学评估

见本书附录或光盘。

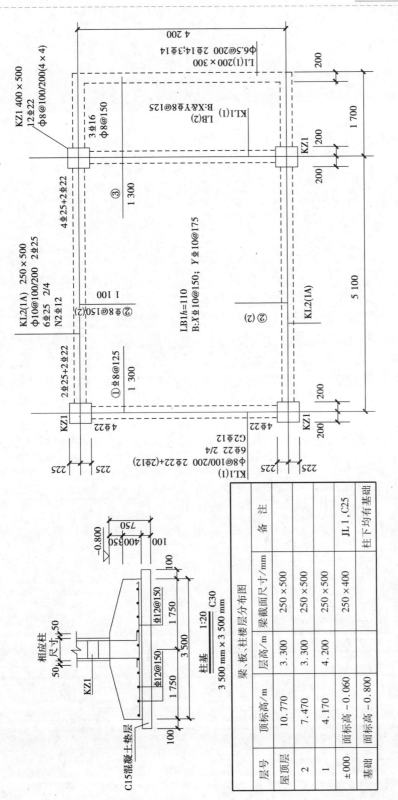

图3.20 某工程结构施工图

某工程4.170—屋顶层梁、板、柱配筋图 1:100

层号	顶标高/m	层高/m	梁截面尺寸/mm	备注
屋顶层	10.770	3.300	250×500	
2	7.470	3.300	250×500	
1	4.170	4.200	250×500	JL1,C25
±000	面标高 −0.060		250×400	柱下均有基础
基础	面标高 −0.800			

梁、板、柱楼层分布图

注:1. 框架按二级抗震等级设计,施工时严格按照 11G101 系列图集施工;
2. 混凝土强度等级除注明外均为 C30;
3. 钢筋连接采用直螺纹套筒连接,定尺长度为 9 m;
4. 负筋分布筋为Φ8@25。

4　钢筋的加工

本章内容简介

钢筋的冷加工

钢筋的调直与除锈

钢筋的切断

钢筋的弯曲

钢筋加工的质量检验与安全措施

本章教学目标

认识各种钢筋加工工具及其使用方法

熟悉钢筋加工(冷加工、调直与除锈、切断、弯曲)的操作

了解钢筋加工过程中的质量检验与验收

4.1 钢筋的冷加工

问题引入

对钢筋进行冷加工可以提高其强度,达到节约钢筋的目的。钢筋的冷加工工艺包括钢筋的冷拉、冷拔、冷轧、冷轧扭,如此多的工艺分别有哪些作用和特点呢? 下面,就带大家一起了解钢筋的冷加工。

活动建议

组织学生到施工现场参观钢筋的加工机械,并回答出下图中加工机械的名称。

4.1.1 钢筋的冷拉

钢筋的冷拉是在常温下对钢筋进行强力拉伸,使拉应力超过钢筋的屈服强度,以达到调直钢筋、除锈、提高强度的目的。

1)冷拉控制方法

冷拉控制的方法包括控制应力法和控制冷拉率法。控制应力是指冷拉时的拉力与钢筋截面面积的比值;冷拉率是指钢筋冷拉伸长值与钢筋冷拉前长度的比值。

当采用冷拉方法调查时, HPB235、HPB300 先圆钢筋的冷拉率不宜大于 4%;HRB335、HRB400、HRB500、HRBF335、HRBF400、HRBF500 及 RRB400 带肋的冷拉率不宜大于 1%。

2)冷拉工艺和冷拉设备

钢筋的冷拉工艺是根据采用的机械设备,钢筋的品种、规格以及现场条件而定的。现场常

用的有以下两种冷拉工艺:

(1)卷扬机冷拉工艺 该种工艺施工现场已逐步淘汰,它具有适应性强、设备简单、效率高、成本低等优点。如图4.1所示为卷扬机冷拉工艺的3种方案。

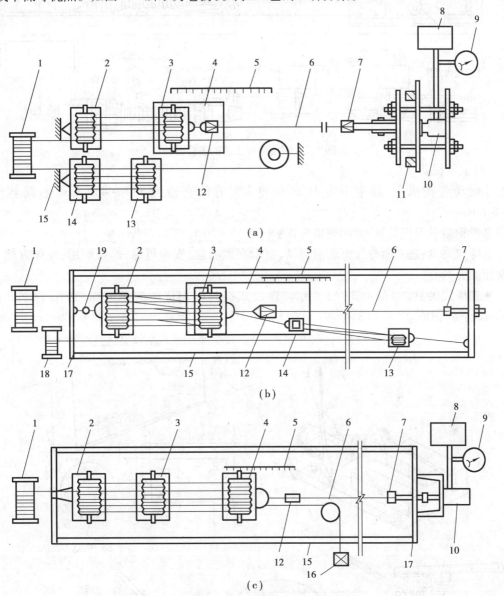

图4.1 卷扬机冷拉工艺

1,18—盘条架;2—滑轮组;3—冷拉小车;4—钢筋夹具;5—钢筋;6—地锚;7—防护壁;
8—标尺;9—回程荷重架;10—连接杆;11—弹簧测力器;12—回程滑轮组;13—传力架;
14—钢压柱;15—槽式台座;16—回程卷扬机;17—电子秤

(2)液压粗钢筋冷拉工艺 用液压冷拉机代替钢筋冷拉设备的一种冷拉工艺(如图4.2所示),具有设备紧凑、效率高、准确、劳动强度小等优点,适用于冷拉直径20 mm以上的钢筋。

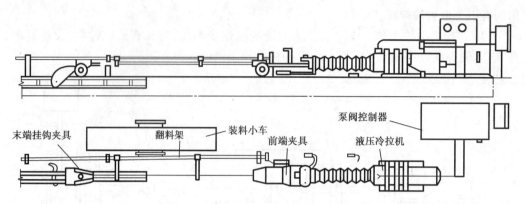

图 4.2　液压冷拉工艺的主要设备

（3）主要设备

①电动卷扬机：一般牵引力为 29～49 kN，卷筒直径为 350～450 mm，卷筒转速为 6～8 r/min。

②滑轮组及架程装置：常用规格为 3～8 门，15～50 t。

③冷拉夹具：是夹紧冷拉钢筋的器具，要求夹紧力强，安全可靠，经久耐用，操作方便。目前常用的夹具有：

●楔块式夹具，如图 4.3（a）所示。楔块式夹具采用优质碳钢制作，适用于冷拉直径 14 mm 以下的钢筋。

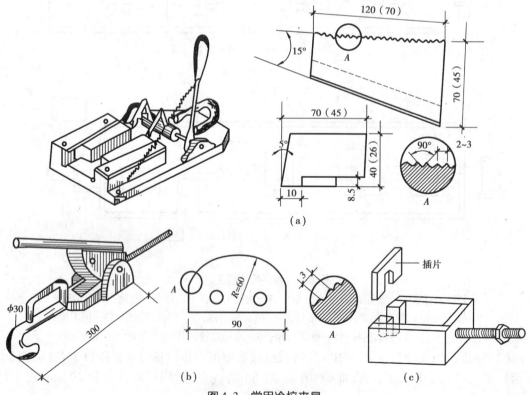

图 4.3　常用冷拉夹具

注：括号内数字为一种夹具加工尺寸

● 偏心夹具,如图 4.3(b)所示。偏心夹具采用优质碳素钢制作,适用于冷拉 HPB235 级盘圆钢筋。

● 槽式夹具,如图 4.3(c)所示。槽式夹具没有固定的形式及规格,视现场情况而定,适用于冷拉两端有螺丝或镦粗头的钢筋。

④测力器:是控制冷拉应力的测量装置,主要有千斤顶测力器、弹簧测力器、电子秤测力器、拉力表等,如图 4.4 所示。

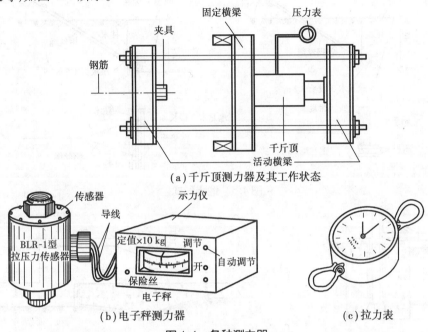

(a)千斤顶测力器及其工作状态

(b)电子秤测力器　(c)拉力表

图 4.4　各种测力器

⑤盘圆钢筋开盘装置:有人工操作、卷扬机、电动跑车等形式,将盘圆钢筋放开,夹在两端夹具上。

⑥地锚:冷拉场地的两端都要设置地锚。地锚的一端固定卷扬机和滑轮组的定滑轮,另一端固定钢筋的夹具。如图 4.5 所示为几种地锚形式。

如图 4.6 所示为传力式台座,它适用于有混凝土地坪的冷拉场地固定冷拉设备和夹具。

3)操作要点及注意事项

(1)操作程序　钢筋上盘→放圈→切断→夹紧夹具→冷拉→放松夹具→捆扎堆放→分批验收。

(2)操作要点

①控制冷拉应力操作要点:

● 交底:钢筋冷拉前应复核钢筋的冷拉吨位及相应的测力器读数、钢筋冷拉增长值,由技术人员对工人进行技术交底。

● 做标记:钢筋就位,拉伸至 0% 冷拉控制应力时停车,做好标记,作为钢筋拉长值起点。

● 测弹性回缩值:继续冷拉至规定控制应力时停车,将钢筋放松到 10% 控制应力,并测出

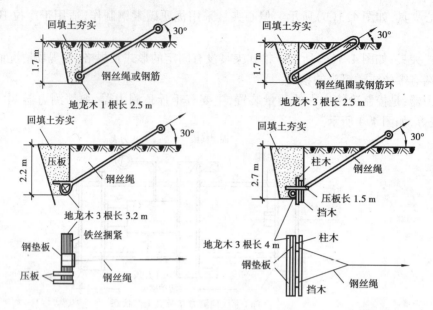

图 4.5　地锚形式

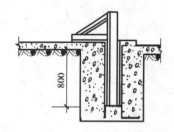

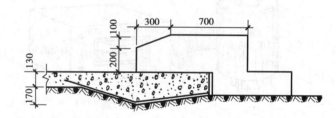

图 4.6　传力式台座

其弹性回缩值。

- 记录:冷拉完毕,将各项数据及时填写在冷拉记录本上。

②控制冷拉率的操作要点:

- 做标记:由冷拉率计算出钢筋冷拉后的总长值,在冷拉线上做出准确、明显的标记,用以控制冷拉率。

- 将钢筋固定就位。

- 记录:开动设备,当总拉长值到达标记时,立刻停车,暂时放松夹具,取下钢筋,并记录各项数据。

- 钢筋冷拉不宜在温度低于 −20 ℃ 的环境中进行。

(3)操作注意事项

- 冷拉前应对设备进行检验或复核,在操作过程中做好原始记录。

- 测力器应经常维护,定期检查,确保读数准确。

- 预应力钢筋应先对焊后冷拉,以免因焊接而降低冷拉后的强度,并可同时检验电焊接头的质量。

- 做好防锈工作。

- 钢筋冷拉后表面不得有裂纹或局部颈缩,进行冷弯试验后不得有裂纹、鳞落和断裂。
- 冷拉时如遇电焊接头被拉断,可重焊再拉,但不宜超过 2 次。

钢筋的冷拉。

4.1.2 钢筋的冷拔

钢筋冷拔是在常温下,将 $\phi 6 \sim \phi 8$ 的 HPB300 级光圆钢筋,在强力牵引下通过比其直径小 0.5 ~ 1 mm 的钨合金拔丝模,而得到比原钢筋直径小的钢丝。图 4.7 为钢筋冷拔示意图。钢筋经冷拔以后,抗拉强度标准值可提高 50% ~ 90%,但塑性降低,硬度提高。

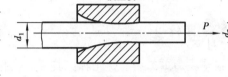

图 4.7　在拔丝模中冷拔的钢筋

(1)分类及用途　冷拔后的钢筋称为冷拔低碳钢丝,分为甲、乙两级。甲级用作预应力混凝土构件的预应力筋,乙级用作焊接钢筋网和焊接骨架、架立筋、箍筋或构造钢筋。

(2)工艺流程　轧头→剥皮→通过→润滑剂→进入拔丝模。

(3)冷拔的压缩率　冷拔时每次的压缩率不能过大,一般采用以下两种方案:

①用 $\phi 8$ 钢筋拔成 $\phi^b 5$ 或 $\phi^b 4$ 的钢丝。其程序是:

$$\phi 8 \to \phi 6.5 \to \phi 5.5 \to \phi 5 \to \phi 4.5 \to \phi 4$$

②用 $\phi 6$(或 $\phi 6.5$)的钢筋拔成 $\phi^b 4$ 或 $\phi^b 3$ 的钢丝。其程序是:

$$\phi 6(或 \phi 6.5) \to \phi 5.5 \to \phi 4.5 \to \phi 4 \to \phi 3.5 \to \phi 3$$

(4)冷拔设备　冷拔设备由拔丝机、拔丝模、剥皮装置、轧头机等组成,如图 4.8 所示。

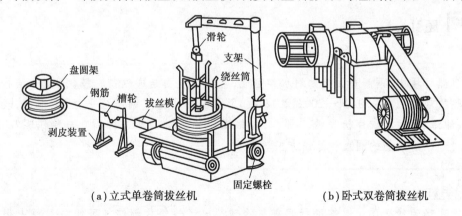

(a)立式单卷筒拔丝机　　　　(b)卧式双卷筒拔丝机

图 4.8　冷拔设备

(5)操作注意事项

①开机前应详细检查各部件的完好情况。

②机器在操作过程中,不得进行修理,操作者应按规定戴好安全帽和防护镜。

③操作过程中注意力应高度集中,防止钢筋突然拉断或拔到最后钢筋弹出伤人。

④因拔丝温度高,要注意防止人员烫伤;长期工作的拔丝机可加冷水冷却装置。

小组讨论

1. 钢筋的冷加工有什么作用?
2. 钢筋的冷加工能否达到节约钢筋的目的?

活动建议

1. 参观钢筋的冷拉加工厂,了解钢筋冷加工工艺和加工设备。
2. 参观施工现场,了解冷拉钢丝在工程中的应用。

练习作业

钢筋冷加工工艺有哪几种? 其目的是什么?

4.2 钢筋的调直与除锈

问题引入

在自然环境中,钢筋表面接触到水和空气,就会在表面结成铁锈。按《混凝土结构工程施工质量验收规范》(GB 50204—2002,2011 版)5.2.4 条规定:"钢筋应平直、无损伤,表面不得有裂纹、油污、颗粒状或片状老锈。"那么,在施工中如何对钢筋进行调直与除锈呢? 下面,就带大家一起学习钢筋的调直和除锈方法。

小组讨论

施工现场为什么要对钢筋进行调直与除锈? 生了铁锈的钢筋是否能与混凝土很好地粘结? 它会产生什么危害?

4.2.1　人工调直

1)盘条钢筋的人工调直

①直径在 10 mm 以下的盘条钢筋,在工程量较小时,可以用小锤(一般须用木锤或橡皮锤)在工作台上敲直。但此法效率太低,工程量稍大即不宜采用。

②在工程量稍大一些的钢筋加工中,可用导轮调直、蛇形管调直或用手绞车调直,如图 4.9～图 4.11 所示。

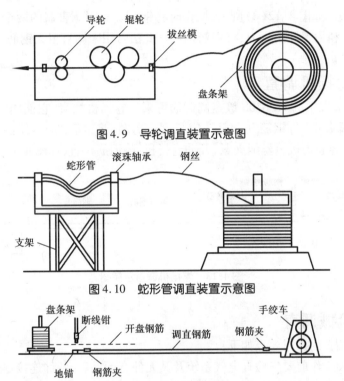

图 4.9　导轮调直装置示意图

图 4.10　蛇形管调直装置示意图

图 4.11　手绞车调直装置示意图

2)粗钢筋的人工调直

直径在 10 mm 以上的粗钢筋,一般仅出现一些慢弯,常用人工在工作台上调直。操作方法有以下几种:

(1)双扳法　如图 4.12(a)所示,操作时,将钢筋平放在工作台上,左手持①号横口扳子固定钢筋,右手持②号扳子按调直方向扳动扳子,将钢筋调直。此法常用于调直直径在 14 mm 以下的钢筋。

(2)卡子法　如图 4.12(b)所示,将卡子固定在工作台上,操作时需一人作为助手将钢筋扶平并固定在卡子上,另一人扳动横口扳子将钢筋调直。此法常用于调直直径 18 mm 以下的钢筋。

(3)卡盘法　如图 4.12(c)所示,将卡盘固定在工作台上,卡盘上扳柱的距离比较灵活,不受钢筋直径限制。此法常用于调直直径在 30 mm 以下的钢筋。

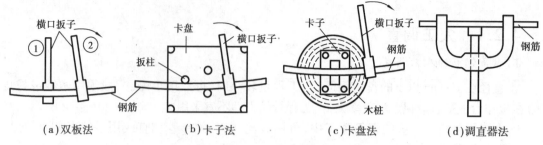

（a）双板法　　　　（b）卡子法　　　　（c）卡盘法　　　　（d）调直器法

图4.12　人工调直粗钢筋的方法

（4）调直器法　如图4.12（d）所示，操作时将钢筋安放在调直器的两个弯钩上，对正调直点转动压力螺杆，利用螺杆的压力，将钢筋调直。此法常用来调直粗大钢筋。

4.2.2　卷扬机调直

直径在10 mm以下的HPB300级盘圆钢筋可采用卷扬机拉直，它能同时完成除锈、拉伸、调直3道工序。操作时，将钢筋开盘至一定长度后剪断，将钢筋的一端用夹具夹好挂在地锚上，另一端用夹具与卷扬机钢丝绳夹紧，开动卷扬机，将钢筋拉直，如图4.13所示。

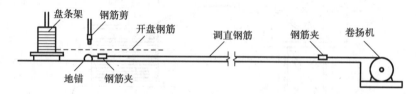

图4.13　卷扬机调直示意图

4.2.3　机械调直

钢筋调直机调直的操作要点如下：

①检查。每天工作前要先检查电气系统及其元件有无毛病，各种连接零件是否牢固可靠，各传动部分是否灵活，确认正常后方可进行试运转。

②试运转。首先从空载开始，确认运转可靠之后才可以进料、试验调直和切断。首先要将盘条的端头锤打平直，然后再将它从导向套推进机器内。

③试断筋。为保证断料长度合适，应在机器开动后试断三四根钢筋检查，以便出现偏差时能得到及时纠正（调整限位开关或定尺板）。

④安全要求。盘圆钢筋放入放圈架上要平稳，如有乱丝或钢筋脱架时，必须停车处理。操作人员不能离机械过远，以防发生故障时不能立即停车造成事故。

⑤安装承料架。承料架槽中心线应对准导向套、调直筒和剪切孔槽中心线，并保持平直。

⑥安装切刀。安装滑动刀台上的固定切刀，保证其位置正确。

⑦安装导向管。在导向套前部，安装1根长度约为1 m的导向钢管，需调直的钢筋应先穿入该钢管，然后穿过导向套和调直筒，以防止每盘钢筋接近调直完毕时其端头弹出伤人。

看看录像

钢筋的调直。

4.2.4　钢筋除锈

1)除锈的目的

①保证钢筋与混凝土之间的黏结力。

②提高构件的耐久性。

2)除锈的方法

(1)调直除锈　直径在 12 mm 以下的钢筋,在机械调直或冷拔的同时,就把铁锈清除干净。

(2)钢丝刷除锈　这种除锈方法效率不高,用于少量钢筋或钢筋的局部除锈。

(3)砂盘除锈　将钢筋置于长 5~6 m、高 900 mm 的砂盘内(图4.14),使钢筋与砂盘中的砂子来回摩擦以达到除锈目的,效果较好。

(4)电动机除锈　电动机有移动式和固定式两种,利用小功率电动机带动圆盘钢丝刷进行除锈,如图4.15所示。

(5)喷砂法除锈　喷砂的主要设备有空压机、储砂罐、喷砂管、喷头等。利用空压机产生的高强气流形成高压砂流除锈,这种方法除锈效果好,适用于大批量的钢筋除锈。

(6)酸洗除锈　当钢筋需要进行冷拔加工时,可用酸洗除锈。方法是用硫酸或盐酸配制酸洗液,将钢筋在其中浸洗 10~30 min,再取出放入碱性溶液中中和钢筋表面的酸液,最后用清水反复冲洗晾干,并进行防锈处理,以防再氧化生锈。

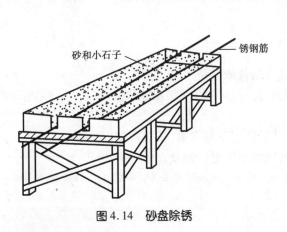

图4.14　砂盘除锈

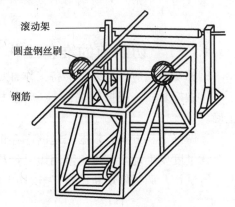

图4.15　固定式电动除锈机

活动建议

1.参观施工工地,了解施工现场钢筋弯曲和锈蚀产生的原因。

2.了解施工现场常用的钢筋调直设备有哪些。

3.了解施工现场钢筋除绣的方法有哪些,采用了哪些工具。

练习作业

1.为什么说钢筋调直是钢筋加工中不可缺少的工序?

2.常用的钢筋除锈方法有哪些?

4.3 钢筋的切断

问题引入

钢筋经过调直后,即可按下料长度进行切断。钢筋切断前,应有计划地根据工地的材料情况确定下料方案,确保钢筋的品种、规格、尺寸、外形符合设计要求。那么,在钢筋工程施工中,为什么要切断钢筋? 切断钢筋的方法有哪些? 下面,就带大家一起认识钢筋的切断方法。

4.3.1 切断前的准备工作

钢筋切断前应做好以下准备工作,以求获得最佳的经济效果。

①做好复核。根据钢筋配料单,复核料牌上所标注的钢筋级别、直径、尺寸、根数是否正确。

②做好下料方案。根据工地的库存钢筋情况做好下料方案,长短搭配,尽量减少损耗。

③量度要准确。应避免使用短尺量长料,以防产生累计误差。

④试切。调试好切断设备,先试切1或2根,尺寸无误,设备运转正常以后再成批加工。

4.3.2 切断方法

钢筋切断方法分为人工切断与机械切断两大类。

1)人工切断

(1)断线钳切断 断线钳外形如图4.16所示,可剪断直径在6 mm以下的钢筋或钢丝。

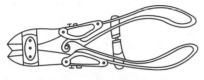

图 4.16　断线钳

图 4.17　手动液压切断机

（2）手动液压切断机切断　如图 4.17 所示,该机操作简单、轻便,便于携带,可以切断直径16 mm 以下的钢筋和直径 25 mm 以下的钢绞线。

（3）手压切断机切断　它主要由固定刀口、活动刀口、底座、手柄等组成。固定刀口固定在底座上,活动刀口通过几个轴或齿轮的联动,以杠杆原理加力切断钢筋。图 4.18 所示的手压切断机可用于切断直径在 16 mm 以下的 HPB300 级钢筋。

2）机械切断

（1）常用的机械切断方法

①钢筋切断机切断:常用的钢筋切断机有 GQ32 型、GQ40 型（图 4.19）和 GQ50 型等。

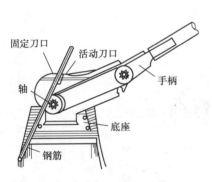

图 4.18　手压切断机

图 4.19　GQ40 型钢筋切断机

②无齿锯(砂片切断机)切断。

（2）机械切断钢筋时的注意事项

①使用前应检查刀片安装是否牢固,润滑油是否充足,并应在开机空转正常以后再进行操作。

②钢筋应调直以后再切断,钢筋与刀口应垂直。

③断料时应握紧钢筋,待活动刀片后退时,及时将钢筋送进刀口,不要在活动刀片已开始向前推进时,向刀口送料,以免断料不准,甚至发生机械及人身事故。

④长度在 300 mm 以内的短料,不能直接用手送料切断。

⑤禁止切断超过切断机技术性能规定的钢材以及超过刀片硬度或烧红的钢筋。

⑥切断钢筋后,刀口处渣屑不能直接用手清除或用嘴吹,而应用毛刷刷干净。

观看录像

钢筋的切断。

活动建议

到施工现场，了解钢筋的切断方法和步骤。

小组讨论

1. 在钢筋工程施工中，为什么要切断钢筋？
2. 在施工现场怎样合理利用钢筋加工后的短料？

练习作业

1. 在施工现场，钢筋切断的方法有哪些？
2. 在施工现场，钢筋工人切断较粗钢筋需采用什么机械，操作时要注意哪些安全事项？

4.4 钢筋的弯曲

问题引入

弯曲成型是将已切断、配好的钢筋按照施工图纸的要求加工成规定的形状尺寸。那么，如何把钢筋弯曲成规定的形状？有哪些弯曲方法？下面，我们就来学习钢筋的弯曲。

钢筋弯曲成型的顺序是：准备工作→画线→试弯样件→弯曲成型。弯曲分为人工弯曲和机械弯曲两种。

4.4.1 准备工作

钢筋弯曲成什么样的形状，各部分的尺寸是多少，主要依据钢筋配料单，这是最基本的操作依据。

1)配料单的制备

配料单是钢筋加工的凭证和钢筋成型质量的保证,它包括钢筋规格、式样、根数以及下料长度等内容,其制作主要按结构施工图上的钢筋用料表进行。但是应特别注意的是现在的结构施工图都为平法制图,大多数不再列出钢筋用料表,操作人员都是按结构施工图标注的钢筋数量、规格、尺寸,结合现场绑扎和安装的要求,由有实际操作经验的技术人员(配料人员)在现场进行配料。而配料单又分为施工现场绑扎(前台)和后台下料单等,下料长度一栏必须由配料人员计算好填写。结构施工图上有钢筋材料表的,下料长度也不能照表抄写。例如表3.13是钢筋配料单,表中各号钢筋的长度是各分段长度累加起来的,配料单中钢筋长度则是操作需用的实际长度,要考虑弯曲调整值,计算成为下料长度。

2)料牌

料牌用木板或纤维板、白布条制成。将每一编号钢筋的有关资料,包括工程名称、图号以及钢筋编号、数量、规格、式样和下料长度等注写在料牌的两面,以便随着工艺流程,一道工序接一道工序地传送,最后将加工好的钢筋系上料牌。

4.4.2 画 线

在弯曲成型之前,加工人员应熟悉待加工钢筋的规格、形状和各部分尺寸,确定弯曲操作步骤及准备工具等,还需将钢筋的各段长度画在钢筋上。

①大批量加工时,应根据钢筋的弯曲类型、弯曲角度、弯曲半径、扳距等因素,分别计算各段尺寸,再根据各段尺寸分段画线。这种画线方法比较繁琐。

②小批量的钢筋加工,常采用简便的画线方法,即弯曲点线的画线方法。现以如图4.20所示梁中弯起钢筋为例,说明弯曲点线的画线方法。

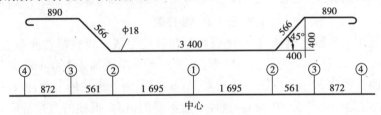

图4.20 弯曲点线的画线方法

第1步,在钢筋的中心线画第1道线;

第2步,取中段(3 400 mm)的1/2减去0.25d,即在1 700 mm - 4.5 mm = 1 695.5 mm处画第2道线;

第3步,取斜长(566 mm)减去0.25d,即在566 mm - 4.5 mm = 561.5 mm处画第3道线;

第4步,取直段长(890 mm)减1d(180°和135°弯钩减1d),即在890 mm - 18 mm = 872 mm处画第4道线。

以上各线段即钢筋的弯曲点线,弯制钢筋时即按这些线段进行弯制。弯曲角度需在工作台上放出大样。

弯制形状比较简单或同一形状根数较多的钢筋,可以不画线,而在工作台上按各段尺寸要求,固定若干标志,按标准操作,此法工效较高。

4.4.3 试弯

弯曲钢筋画线后,即可试弯1根,以检查画线的结果是否符合设计要求。如不符合,应对弯曲顺序、画线、弯曲标志、扳距等进行调整,待调整合格后方可成批弯制。

4.4.4 弯曲成型

1)手工弯曲成型

(1)工具和设备

①工作台:工作台有木制和钢制两种。工作台的宽度通常为800 mm。长度视钢筋种类而定,弯细钢筋时一般为4 000 mm,弯粗钢筋时可为8 000 mm。台高一般为900~1 000 mm。

②手摇扳:手摇扳的外形如图4.21所示。它由钢板底盘、扳柱、扳手组成,用来弯制直径在12 mm以下的钢筋。操作前应将底盘固定在工作台上,其底盘表面应与工作台面平直。

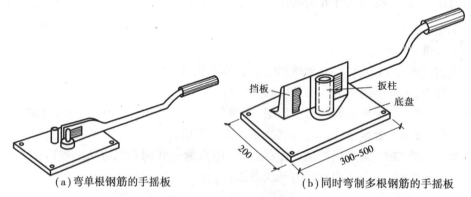

(a)弯单根钢筋的手摇扳   (b)同时弯制多根钢筋的手摇扳

图4.21   手摇扳

③卡盘:卡盘用来弯制粗钢筋,它由钢板底盘和扳柱组成。扳柱焊在底盘上,底盘固定在工作台上。如图4.22(a)所示为四扳柱的卡盘,扳柱水平净距约为100 mm,竖直方向净距约为34 mm,可弯曲直径为32 mm钢筋。如图4.22(b)所示为三扳柱的卡盘,扳柱的两斜边净距为100 mm左右,底边净距约为80 mm。这种卡盘不需配钢套,扳柱的直径视所弯钢筋的粗细而定。一般弯制直径为20~25 mm的钢筋,可用厚12 mm的钢板制作卡盘底板。

④钢筋扳子:钢筋扳子主要与卡盘配合使用,分为横口扳子和顺口扳子两种,如图4.22(c)、图4.22(d)所示。横口扳子又有平头和弯头之分,弯头横口扳子仅在绑扎钢筋时作为纠正钢筋位置用。

钢筋扳子的扳口尺寸比弯制的钢筋直径大2 mm较为合适。弯曲钢筋时,应配有各种规

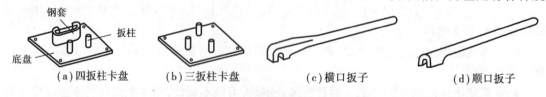

(a)四扳柱卡盘   (b)三扳柱卡盘   (c)横口扳子   (d)顺口扳子

图4.22   卡盘及钢筋扳子

格的扳子。

（2）手工弯曲成型步骤　为了保证钢筋弯曲形状正确，弯曲圆弧准确，操作时扳子部分不碰扳柱，扳子与扳柱间应保持一定距离。一般扳子与扳柱之间的距离，可参考表4.1所列的数值。

表4.1　扳子与扳柱之间的距离

弯曲角度	45°	90°	135°	180°
扳　距	$(1.5 \sim 2)d$	$(2.5 \sim 3)d$	$(3 \sim 3.5)d$	$(3.5 \sim 4)d$

扳距、弯曲点线和扳柱的关系如图4.23所示。弯曲点线在扳柱钢板上的位置为：弯90°以内的角度时，弯曲点线可与扳柱外缘持平；弯135°~180°角度时，弯曲点线距扳柱边缘的距离约为$1d$。

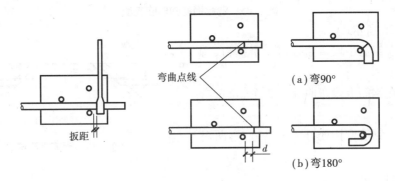

图4.23　扳距、弯曲点线和扳柱的关系

不同钢筋的弯曲步骤分述如下：

①箍筋的弯曲成型：箍筋弯曲成型步骤分为5步，如图4.24所示。在操作前，首先要在手摇扳的左侧工作台上标出钢筋1/2长、箍筋长边内侧长和短边内侧长（也可以标长边外侧长和短边外侧长）3个标志。

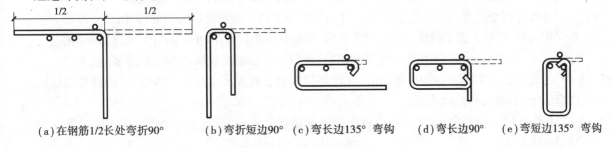

（a）在钢筋1/2长处弯折90°　（b）弯折短边90°　（c）弯长边135°弯钩　（d）弯长边90°　（e）弯短边135°弯钩

图4.24　箍筋弯曲成型步骤

因为第（c）步、第（e）步的弯钩角度大，所以要比第（b）步、第（d）步操作时靠标志略松些，预留一些长度，以免箍筋不方正。

②弯起钢筋的弯曲成型：弯起钢筋的弯曲成型如图4.25所示。一般弯起钢筋长度较大，故通常在工作台两端设置卡盘，分别在工作台两端同时完成成型工序。

当钢筋的弯曲形状比较复杂时，可预先放出实样，再用扒钉钉在工作台上，以控制各个弯

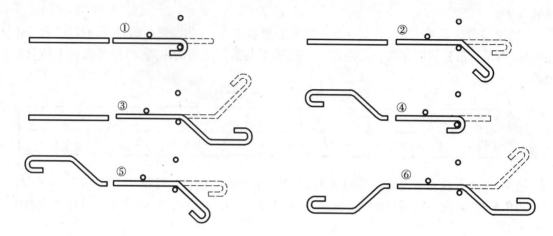

图 4.25　弯起钢筋的弯曲成型

转角,如图 4.26 所示。

第 1 步,在钢筋中段弯曲处钉 2 个扒钉,弯第一对 45°弯;

第 2 步,在钢筋上段弯曲处钉 2 个扒钉,弯第二对 45°弯;

第 3 步,在钢筋弯钩处钉 2 个扒钉,弯两对弯钩;

第 4 步,起出扒钉。

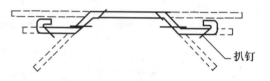

扒钉

图 4.26　钢筋扒钉成型

注意:在弯曲过程中应保证所有的弯折在同一平面内。

各种不同钢筋弯折时,常将端部弯钩作为最后一个弯折程序,这样可以将配料弯折过程中的误差留在弯钩内,不致影响钢筋的整体质量。

(3)手工弯曲操作要点

①弯制钢筋时,扳子一定要托平,不能上下摆动,以免弯出的钢筋产生翘曲。

②操作时要注意放正弯曲点,搭好扳手,注意扳距,以保证弯制后的钢筋形状、尺寸准确。起弯时用力要慢,防止扳手脱落。结束时要平稳,掌握好弯曲位置,防止弯曲过头或弯曲不到位。

③不允许在高空或脚手架上弯制粗钢筋,避免因弯制钢筋脱扳而造成坠落事故。

④在弯曲配筋较密的构件钢筋时,要严格控制钢筋各段尺寸及起弯角度,每种编号钢筋应试弯一个,合格后再成批生产。

【例 4.1】　试对图 4.27 所示结构中的钢筋进行计算,并分述加工过程(保护层厚度取为 25 mm)。

【解】　(1)计算图中各编号钢筋的下料长度和根数

①号钢筋:从图中可以看出下料长度为 1 250 mm,12 根。

②号钢筋:下料长度 = 箍筋外周长 + 调整值。

直径为 6 mm 的钢筋量外包尺寸,其调整值为 50 mm。根据保护层厚 25 mm,可以得到②号箍筋的长边外包尺寸为 450 mm,短边外包尺寸为 150 mm。

下料长度 = (450 mm + 150 mm) × 2 + 50 mm = 1 250 mm,7 层,每层 2 根,共 14 根。

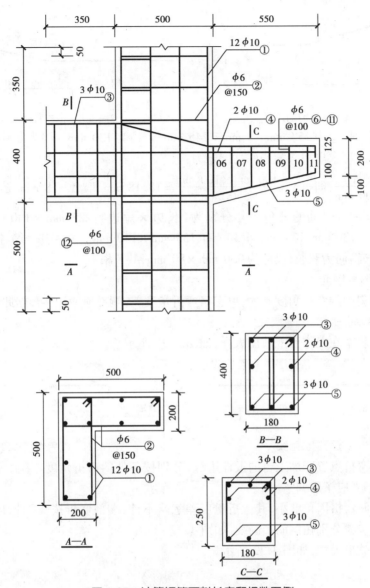

图4.27 计算钢筋下料长度和根数图例

③号钢筋:钢筋大样图如图4.28所示。斜段因弯起角较小,弯折量度差可忽略不计。

斜段长度 $= \sqrt{(100\ mm)^2 + (450\ mm)^2} = 461\ mm$

下料长度 $= 375\ mm + 461\ mm + 550\ mm + 125\ mm - 10\ mm \times 2 = 1\ 491\ mm$,共3根。

④号钢筋:为直钢筋,长为 $1\ 400\ mm - 25\ mm = 1\ 375\ mm$,共2根。

⑤号钢筋:钢筋大样如图4.29所示(小角度弯折的量度差忽略不计,端部弯折按90°算)。

斜段长度 $= \sqrt{(100\ mm)^2 + (550\ mm)^2} = 559\ mm$

下料长度 $= 825\ mm + 559\ mm + 100\ mm - 10\ mm \times 2 = 1\ 464\ mm$,共3根。

⑥~⑪号钢筋:假设⑥号筋位于柱的结构面处,则此处的箍筋高度可用比例求出。

$\dfrac{100\ mm}{550\ mm} = \dfrac{x}{25\ mm}$,即 $x = \dfrac{100\ mm \times 25\ mm}{550\ mm} = 4.545\ mm$,取 $x = 5\ mm$。

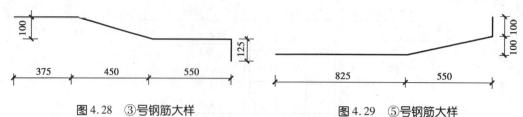

图 4.28 ③号钢筋大样 图 4.29 ⑤号钢筋大样

则⑥号箍筋的长边为 250 mm − 5 mm = 245 mm,短边为 130 mm。因为⑥~⑪号箍筋的间距为 100 mm,据此可求出相邻箍筋的高度差为:

$$\frac{100\ mm}{550\ mm} = \frac{\Delta}{100\ mm},即\quad \Delta = \frac{100\ mm \times 100\ mm}{550\ mm} = 18.18\ mm,取\ \Delta = 18\ mm$$

由此可知,⑦~⑪号筋的外包尺寸分别为(长边×短边):227 mm × 130 mm、209 mm × 130 mm、191 mm × 130 mm、173 mm × 130 mm、155 mm × 130 mm。⑦~⑪号筋各 1 根。

⑫号箍筋:该箍筋为双肢,尺寸为 350 mm × 80 mm,共 8 根。

(2)加工各编号钢筋

③号钢筋因斜段的弯折角度不大,可忽略弯折量度差,端部应减去 1d,据此可将各弯点画在钢筋上,如图 4.30 所示。

根据斜段的斜率在工作台上放出大样,如图 4.31 所示。

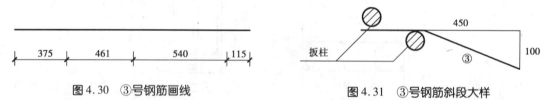

图 4.30 ③号钢筋画线 图 4.31 ③号钢筋斜段大样

将钢筋上各弯折点置于加工台的扳柱边缘,分别按各处的弯折角度弯制。钢筋弯好后应平直,如有弯扭不平应予以调整。

⑤号钢筋中间弯折因角度小,其弯折量度差忽略不计,端部弯折按 90°计,应减去 1d。按③号钢筋的加工步骤分别在钢筋上画线,如图 4.32 所示。

在工作台上放出大样,如图 4.33 所示。

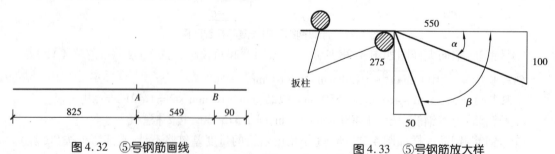

图 4.32 ⑤号钢筋画线 图 4.33 ⑤号钢筋放大样

弯制时,将 A 点置于扳柱边缘弯 α 角,接着将 B 点置于扳柱外缘弯 β 角即可。加工完后检查钢筋是否平整顺直,如有问题应及时修正。

(3)箍筋加工 各类箍筋加工步骤:第 1 步,在待加工的钢筋上画出中点;第 2 步,在工作台上画出箍筋长边外侧和短边外侧的控制线,如图 4.34 所示;第 3 步,在控制线上钉小钉子,加工从中点开始,紧接着将第一次弯折好的钢筋外侧依次靠在控制线的钉子上弯折箍筋的长边和短边。弯制完的箍筋应平直方正,尺寸误差不超过允许偏差。

2)机械弯曲成型

用机械弯曲钢筋能降低劳动强度,提高工效,保证钢筋的弯制质量,是目前工程中常用的方法。现场常用的钢筋弯曲机械有普通钢筋弯曲机、四头弯曲机及钢筋弯箍机等。图4.35为钢筋工程中常用的GW40型钢筋弯曲机的上视图。

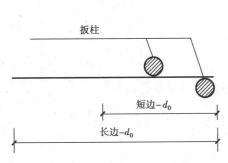

图4.34 箍筋长短边控制

图4.35 GW40型钢筋弯曲机的上视图

(1)两种弯曲机的使用性能 GW40型钢筋弯曲机和弯箍机每次弯曲钢筋根数见表4.2、表4.3。

表4.2 GW40型钢筋弯曲机每次弯曲钢筋根数

转速/ (r·min⁻¹)	钢筋直径/mm							
	6	8	9,10	12	14	16~18	20~25	28~40
3.7	—	—	—	—	—	3	2	1
7.2	—	—	—	5	4	—	不能弯曲	不能弯曲
14	6	5	5	—	—	不能弯曲	不能弯曲	不能弯曲

注:"—"表示不适用。

表4.3 弯箍机每次弯曲钢筋根数

钢筋直径/mm	4	6	8	10	12
每次弯曲根数	20	6	3	2	1

(2)钢筋弯曲机操作注意事项

①实际操作时,弯曲机工作盘的转速、弯曲钢筋直径及每次弯曲根数,应符合弯曲机的技术性能使用规定。

②每次操作前应经过试弯,以确定弯曲点线与芯轴的尺寸关系。

③开机操作前应对机械各部件进行检查,确认正常后方可试运转和开机作业。

④弯曲机应设专人负责,严禁在运转过程中更换芯轴、成型轴、挡铁轴,并注意添加润滑油或保养等。

⑤弯曲机应设接地装置,电源不能直接接在倒顺开关上,要另设电气闸刀控制。

⑥倒顺开关应按照指示牌上"正转—停—反转"扳动;不准直接扳动"正转—反转",而不在"停"位停留;更不允许频繁地更换工作盘的旋转方向。弯曲机的倒顺开关接线要正确,使用要合理。

钢筋的弯曲成型。

活动建议

参观施工现场的钢筋加工后台,完成以下任务:

(1)了解钢筋弯曲成型的步骤和方法。

(2)了解直径较大钢筋的弯曲成型方法及使用的机械设备情况。

(3)了解钢筋弯曲成型的安全注意事项。

练习作业

1.什么是钢筋配料单?作用是什么?

2.钢筋弯曲成型的方法有哪几种?你参观的施工现场,采用哪种钢筋弯曲成型方法?

4.5 质量检验及安全措施

问题引入

钢筋加工要按主控项目和一般项目检验和验收,在钢筋工程中,我们怎样对钢筋加工的质量进行检验和验收,以及采用什么样的方法进行检验?下面,就带大家一起了解钢筋加工的质量检验及安全措施。

4.5.1 钢筋加工的质量检验与验收

《混凝土结构工程施工质量验收规范》(GB 50204—2002,2011 版)中规定,钢筋加工的形状、尺寸必须符合设计要求,质量的检查与验收按主控项目和一般项目进行(见表4.5、表4.6),其检查项目、检验方法和允许偏差见表4.4,检验批质量验收记录按附录1中表1进行填写。

表4.4 钢筋加工的质量要求

项次	项 目			允许偏差/mm	检验方法
1	调直	冷拉调直		4	用2 m靠尺或塞尺量
2		调直机调直		2	
3		表面划伤,锤痕		不应有	观察
4	切断	长度	用于镦头 调直机切断	±2	用尺量
5			用于镦头 切断机切断	±2	
6			用于一般构件	+3～-5	
7		对焊钢筋切断口马蹄形		不应有	观察
8		弯起钢筋的弯折位置		±20	用尺量
9		受力钢筋沿长度方向全长的净尺寸		±10	用尺量
10		箍筋内净尺寸		±5	用尺量
11	弯曲	全 长		±10	用尺量
12		弯起钢筋的弯折位置		±20	用尺量
13		弯起钢筋弯起点高度		±5	用尺量
14		箍筋边长		±5	用尺量

表4.5 主控项目检验

序号	项目	合格质量标准及说明	检验方法	检查数量
1	力学性能和重量偏差检验	钢筋进场时,应按国家现行相关标准的规定抽取试件做力学性能和重量偏差检验,检验结果必须符合有关标准的规定	检查产品合格证、出厂检验报告和进场复验报告	按进场的批次和产品的抽样检验方案确定
		钢筋调直后应进行力学性能和重量偏差的检验,其强度应符合有关标准的规定。 采用无延伸功能的机械设备调直的钢筋,可不进行本条规定的检验	3个试件先进行质量偏差检验,再取其中2个试件经时效处理后进行力学性能检验。检验重量偏差时,试件切口应平滑且与长度方向垂直,且长度不应小于500 mm;长度和重量的量测精度分别不应低于1 mm和1 g	同一厂家、同一牌号、同一规格调直钢筋,重量不大于30 t为一批,每批见证取3件试件
2	抗震用钢筋强度实测值	对有抗震设防要求的结构,其纵向受力钢筋的性能应满足设计要求;当设计无具体要求时,对按一、二、三级抗震等级设计的框架和斜撑构件(含梯段)中的纵向受力钢筋应采用 HRB335E、HRB400E、 HRB500E、 HRBF335E、HRBF400E 或 HRBF500E 钢筋,其强度和最大力下总伸长率的实测值应符合下列规定: ①钢筋的抗拉强度实测值与屈服强度实测值的比值不应小于1.25; ②钢筋的屈服强度实测值与屈服强度标准值的比值不应大于1.3; ③钢筋的最大力下总伸长率不应小于9%	检查进场复验报告	按进场的批次和产品的抽样检验方案确定
3	化学成分等专项检验	当发现钢筋脆断、焊接性能不良或力学性能显著不正常等现象时,应对该批钢筋进行化学成分检验或其他专项检验	检查化学成分等专项检验报告	按产品的抽样检验方案确定

续表

序 号	项 目	合格质量标准及说明	检验方法	检查数量
4	受力钢筋的弯钩和弯折	受力钢筋的弯钩和弯折应符合下列规定： ①HPB300 级钢筋末端应做 180° 弯钩，其弯弧内直径不应小于钢筋直径的 2.5 倍，弯钩的弯后平直部分长度不应小于钢筋直径的 3 倍； ②当设计要求钢筋末端需做 135° 弯钩时，HRB335 级、HRB400 级钢筋的弯弧内径不应小于钢筋直径的 4 倍，弯钩的弯后平直部分长度应符合设计要求； ③钢筋做不大于 90° 的弯折时，弯折处的弯弧内直径不应小于钢筋直径的 5 倍	钢尺检查	按每工作班同一类型钢筋、同一加工设备抽查不应少于 3 件
5	箍筋弯钩形式	除焊接封闭环式箍筋外，箍筋的末端应做弯钩，弯钩形式应符合设计要求；当设计无具体要求时，应符合下列规定： ①箍筋弯钩的弯弧内直径除应满足本表第 4 条的规定外，尚应不小于受力钢筋直径； ②箍筋弯钩的弯折角度：对一般结构，不应小于 90°；对有抗震等要求的结构，应为 135°； ③箍筋弯后平直部分长度：对一般结构，不宜小于箍筋直径的 5 倍；对有抗震等要求的结构，不应小于箍筋直径的 10 倍	钢尺检查	按每工作班同一类型钢筋、同一加工设备抽查不应少于 3 件

表 4.6 一般项目检验

序 号	项 目	合格质量标准及说明	检验方法	检查数量
1	外观质量	钢筋应平直、无损伤，表面不得有裂纹、油污、颗粒状或片状老锈	观察	进场时和使用前全数检查

续表

序　号	项　目	合格质量标准及说明	检验方法	检查数量
2	钢筋调直	钢筋宜采用无延伸功能的机械设备进行调直,也可采用冷拉方法调直。当采用冷拉方法调直时,HPB235、HPB300光圆钢筋的冷拉率不宜大于4%,HRB335、HRB400、HRB500、HRBF335、HRBF400、HRBF500及RRB400带肋钢筋的冷拉率不宜大于1%	观察,钢尺检查	按每工作班同一类型钢筋、同一加工设备抽查不应少于3件
3	钢筋加工的形状、尺寸	钢筋加工的形状、尺寸应符合设计要求,其偏差应符合表4.6的规定	钢尺检查	按每工作班同一类型钢筋、同一加工设备抽查不应少于3件

钢筋的隐蔽检查验收

钢筋的隐蔽检查与验收按《混凝土结构工程施工质量验收规范》(GB 50204—2002,2011版)的内容进行,列举如下:

(1)当钢筋的品种、级别或规格需做变更时,应办理设计变更文件。

(2)在浇筑混凝土之前,应进行钢筋隐蔽工程验收,其内容包括:

①纵向受力钢筋的品种、规格、数量、位置等;

②钢筋的连接方式、接头位置、接头数量、接头面积百分率等;

③箍筋、横向钢筋的品种、规格、数量、间距等;

④预埋件的规格、数量、位置等。

4.5.2　钢筋加工机械的安全措施

1)使用钢筋除锈机应遵守的规定

①调直机安装必须平稳,料架、料槽应平直,对准导向筒、调直筒和下刀切孔的中心线。电机必须设有可靠接零保护。

②作业前应检查钢丝刷的固定螺栓有无松动,传动部分润滑和封闭式防护罩及排尘设备

等完好情况。

③操作人员必须束紧袖口,戴防尘口罩、手套和防护眼镜。

④除锈应在钢筋调直后进行,严禁将弯曲成型的钢筋上机除锈。弯度过大的钢筋宜在基本调直后除锈。

⑤操作时应将钢筋放平,手握紧,侧身送料。操作者应站在钢丝刷或喷砂器侧面,严禁在除锈机正面站人。整根长钢筋除锈应由 2 人配合操作。

2)使用调直机作业应遵守的规定

①机器上不得堆放物料。送钢筋时,手与轧辊应保持安全距离。机器运转中不得调整轧辊。严禁戴手套作业。

②作业中机器周围不得有无关人员,严禁跨越牵引钢丝绳和正在调直的钢筋。钢筋调直到末端时,作业人员必须与钢筋保持安全距离。料盘中钢筋将要用完时,应采取措施防止端头弹出。

③按调直钢筋的直径,选用适当的调直块及速度。调直短于 2 m 或直径大于 8 mm 的钢筋应低速进行。

④在调直块未固定、防护罩未盖好前不得穿入钢筋。作业中严禁打开防护罩及调整间隙。

⑤喂料前应将不直的料头切去,导向筒前应装 1 m 长的钢管,钢筋必须先通过钢管再送入调直机前端的导孔内。当钢筋穿入后,手与压辊必须保持一定距离。

⑥机器上不准搁置工具、物件,避免振动落入机体。

⑦盘圆钢筋放入放圈架上要平稳,乱丝或钢筋脱架时,必须停机处理。

⑧已调直的钢筋,必须按规格、根数分成小捆,散乱钢筋应随时清理并堆放整齐。

3)使用钢筋切断机应遵守的规定

①操作前必须检查切断机刀口,确认安装正确、刀片无裂纹、刀架螺栓紧固、防护罩牢靠,然后用手扳动皮带轮检查齿轮啮合间隙,调整刀刃间隙,空机运转正常后再进行操作。

②钢筋切断应在调直后进行,断料时要握紧钢筋。多根钢筋一次切断时,截面积应在规定范围内。

③切断钢筋时,手与刀口的距离不得少于150 mm。断短料手握端小于400 mm时,应用套管或夹具将钢筋短头压住或夹住,严禁用手直接送料。

④机器运转中严禁用手直接清除刀口附近的断头和杂物。在钢筋摆动范围内和刀口附近,非操作人员不得停留。

⑤发现机器运转异常、刀片歪斜等,应立即停机检修。

⑥作业时应摆直、紧握钢筋,应在活动切刀向后退时送料入刀口,并在固定切刀一侧压住钢筋。严禁在切刀向前运动时送料。严禁两手同时在切刀两侧握住钢筋俯身送料。

⑦切长料时应设置送料工作台,并设专人扶稳钢筋,操作时动作应一致。手握端的钢筋长度不得短于400 mm,手与切口间距不得小于150 mm。切断小于400 mm长的钢筋时,应用钢导管或钳子夹牢钢筋。严禁直接用手送料。

⑧作业中严禁用手清除铁屑、断头等杂物。作业中严禁进行检修、加油、更换部件。

4)使用钢筋弯曲机应遵守的规定

①工作台和弯曲工作盘应保持水平,操作前应检查芯轴、成型轴、挡铁轴、可变挡架有无裂

纹或损坏,防护罩牢固可靠,经空机运转确认正常后,方可作业。

②操作时要熟悉倒顺开关所控制工作盘旋转的方向,钢筋放置要和挡架、工作盘旋转方向相配合,不得放反。

③改变工作盘旋转方向必须在停机后进行,即从正转—停—反转,不得直接从正转—反转或从反转—正转。

④弯曲机运转中严禁更换芯轴、成型轴和变换角度及调速,严禁在运转时加油或清扫。

⑤弯曲钢筋时,严禁超过该机对钢筋直径、根数及机械转速的规定。

⑥严禁在弯曲钢筋的作业半径内和机身不设固定销的一侧站人。弯曲好的钢筋应堆放整齐,弯钩不得朝上。

⑦弯曲折点较多或钢筋较长时,应设置工作架,设专人指挥,操作人员应与辅助人员协同配合。

⑧弯曲未经冷拉或有锈皮的钢筋时,必须戴护目镜及口罩。

⑨作业中不得用手清除金属屑。清理工作必须在机器停稳后进行。

5)使用钢筋冷拉机作业应遵守的规定

①每班作业前,必须检查卷扬机钢丝绳、滑轮组、地锚、钢筋夹具、电气设备等,确认安全后方可作业。

②根据冷拉钢筋的直径选择卷扬机。卷扬机出绳应经封闭式导向滑轮和被拉钢筋方向成直角。卷扬机的位置必须使操作人员能见到全部冷拉场地,距冷拉中线不得少于5 m。

③冷拉时,应设专人值守,操作人员必须位于安全地带,离开冷拉钢筋2 m以外。钢筋两侧3 m以内及冷拉线两端严禁有人停留。严禁跨越钢筋或钢丝绳。冷拉场地两端地锚以外应设置警戒区,装设防护挡板及警告标志。

④用配重控制的设备必须与滑轮匹配,并有指示起落的记号或设专人指挥。配重框提起的高度应限制在离地面300 mm以内。配重架四周应设栏杆及警告标志。

⑤作业前应检查冷拉夹具齿是否完好,滑轮、拖拉小跑车应润滑灵活,拉钩、地锚及防护装置应齐全牢靠,确认后方可操作。冷拉时必须将钢筋卡牢,待人员离开后方可启动机械。发现滑丝等情况时,必须停机并放松钢筋后,方可进行处理。

⑥卷扬机运转时,严禁人员靠近冷拉钢筋和牵引钢筋的钢丝绳。

⑦运行中出现钢丝绳滑脱、绞断等情况时,应立即停机。

⑧导向滑轮不得使用开口滑轮,与卷扬机的距离不得小于5 m。维修或停机,必须切断电源,锁好电气箱门。

⑨冷拉速度不宜过快,在基本拉直时应稍停,检查夹具是否牢固可靠,严格按安全技术交底要求控制伸长值、冷拉应力。

⑩每班冷拉完毕,必须将钢筋整理平直,不得相互乱压和单头挑出,未拉盘圆钢筋的引头应盘住,机具拉力部分均应放松。

 活动建议

1.到书店或资料室查看有关钢筋加工质量检验与验收的现行规范。

2. 到施工现场了解钢筋加工的质量验收记录表格的填写情况。

练习作业

1. 钢筋加工有哪些质量要求?
2. 钢筋加工时应该注意哪些安全事项?

学习鉴定

1. **是非题**(对的画"√",错的画"×")

(1)采用冷拉方法调直钢筋时,HPB235、HPB300 级钢筋冷拉率不宜大于2%。 (   )

(2)钢筋除锈的方法有多种,常用的有人工除锈、钢筋除锈机除锈和酸法除锈。 (   )

(3)在构件的受拉区域内,HPB300 级钢筋绑扎接头的末端不做弯钩,HRB335、HRB400、HRBF335、HRBF400 级钢筋则要做弯钩。 (   )

(4)钢筋冷拉不可在负温下进行。 (   )

(5)钢筋冷拉的控制方法有控制应力和控制冷拉率两种方法。 (   )

(6)钢筋弯曲成型的顺序是:画线→弯曲成型→试弯。 (   )

(7)钢筋的冷拉加工中,卷扬机正在运转时严禁人员靠近冷拉钢筋和牵引钢筋的钢丝绳。 (   )

(8)钢筋弯曲机在作业中不得用手清除金属屑,清理工作必须在机械停稳后进行。 (   )

(9)切断钢筋,手与刀口的距离不得少于 150 mm。断短料手握端小于 400 mm 时,应用套管或夹具将钢筋短头压住或夹住,严禁用手直接送料。 (   )

(10)采用冷拉方法调直钢筋时,HRB335、HRB400、HRBF335、HRBF400 级钢筋冷拉率不宜大于 1%。 (   )

2. **选择题**

(1)HPB300 级光面钢筋末端应做____弯钩。
   A. 135°   B. 180°   C. 90°   D. 90°或180°

(2)HPB300 级钢筋末端做 180°弯钩时,其弯后平直段长度为钢筋直径的____倍。
   A. 10   B. 3   C. 2.5   D. 5

(3)弯起钢筋中间部位弯折处的弯曲直径不应小于钢筋直径的____倍。

A. 2. 5   B. 5   C. 10   D. 4

(4)钢筋下料尺寸应该是钢筋____的长度。

　　A. 外皮之间   B. 中心线   C. 里皮之间   D. 模板间

(5)使用型号为 GW40 弯曲机时,可弯曲钢筋的直径范围为____ mm。

　　A. 6～40   B. 25～50   C. 6～50   D. 6～25

(6)手摇板适用于弯制直径在____ mm 以下的钢筋。

　　A. 12   B. 16   C. 20   D. 25

(7)手压切断器可切断 16 mm 以下的____级钢筋。

　　A. HPB300   B. HRB335、HRBF335

　　C. HRB400、HRBF400   D. HRB500

(8)钢筋的冷加工是指对钢筋进行____,使其更好地发挥钢筋强度的潜力。

　　A. 冷拉、冷拔、冷轧扭 3 种方法   B. 冷拉、冷拔 2 种方法

　　C. 冷拉、冷拔、调直 3 种方法   D. 冷拉、冷拔、冷轧、调直 4 种方法

(9)箍筋弯钩的弯折角度,对一般结构,不应小于____。

　　A. 90°   B. 180°   C. 135°   D. 45°

(10)箍筋弯后平直部分长度,对抗震要求的结构,不宜小于箍筋直径的____倍。

　　A. 5   B. 10   C. 15   D. 3

3. 简答题

(1)什么叫钢筋冷拔?

(2)钢筋为什么要冷拉?

(3)钢筋除锈的方法有哪几种?

(4)受力钢筋的弯钩和弯折应符合哪些规定?

(5)钢筋弯曲成型后各部分尺寸对设计的允许偏差是如何规定的?

习实作

钢筋的切断与弯曲

1. 训练目的

掌握钢筋切断与弯曲的操作方法。

2. 训练要求

按图 4.36、图 4.37 所示,进行钢筋切断与弯曲练习(钢筋规格根据各校条件,自行选定)。

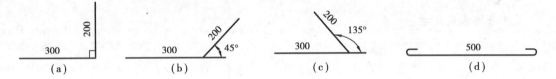

图 4.36   钢筋弯曲

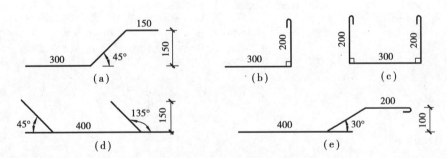

图 4.37   钢筋组合角度弯曲

3. 训练所需资源

(1)材料:钢筋($\phi 6$、$\phi 8$、$\phi 10$、$\Phi 12$)若干根。

(2)工具:钢筋剪、手压切断器、手摇板、卡盘、钢筋扳手、手锤、角尺、卷尺等。

(3)场地:在实训车间内或施工现场。

4. 训练时应注意的问题

(1)钢筋在切断前,应量好尺寸,核查无误后再切断。

(2)批量切断钢筋时,应先切断长料,后切断短料,做好长短搭配。

(3)弯曲钢筋时,掌握好扳距、弯曲点线和扳柱之间的关系。

(4)注意操作安全,防止发生事故。

5. 训练课时

2课时。

6.评分

钢筋切断与弯曲的评分见表4.7。

表4.7　钢筋切断与弯曲评分表

序　号	评分项目	满　分	实得分	备　注
1	钢筋下料	10		
2	钢筋切断	20		
3	钢筋弯曲	50		
4	安全操作	10		
5	综合印象	10		
	合　计	100		

教学评估

见本书附录或光盘。

钢筋工
GANGJINGONG

5 钢筋的连接

本章内容简介

钢筋焊接的常用方法及工艺操作要点

钢筋机械连接的常用方法及工艺操作要点

钢筋连接质量的检查与验收

本章教学目标

正确区分钢筋连接的常用方法

熟悉钢筋焊接和机械连接的工艺操作要点

了解钢筋焊接和机械连接的质量检查与验收

合理选用钢筋焊接工艺和运用统一的质量验收标准

正确选用钢筋连接的机具与设备

问 题引入

钢筋的连接是建筑工程中结构设计和施工的重要环节,尤其是在抗震结构和风动荷载结构等复杂受力结构中,更要注意钢筋的可靠连接。钢筋的连接可分为绑扎搭接、机械连接或焊接。近年来,出现了机械连接的钢筋剥肋滚轧直螺纹连接技术,提高了连接的可靠性,也加快了施工速度,缩短了施工工期,得到了广泛运用。

观察右图所示的钢筋连接,你知道它是采用哪种方法进行连接的吗?

■□ 5.1 钢筋的焊接 □■

活 动建议

组织学生到施工现场参观钢筋的焊接机械,并指出图5.1所示钢筋焊接机械的名称。

图 5.1 钢筋焊接机械

焊接连接是钢筋连接的主要方法。焊接可改善钢筋结构的受力性能,节约钢材和提高工效。常用的焊接方法有闪光对焊、电弧焊、电阻点焊和电渣压力焊等。此外,还有预埋件钢筋埋弧压力焊及现行推广的钢筋气压焊。

5.1.1 闪光对焊

闪光对焊是将2根钢筋安放成对接形式,利用电阻热使接触点金属熔化,产生强烈飞溅,形成闪光,迅速施加顶锻力完成的一种压焊方法。闪光对焊具有工效高、材料省、费用低、质量好等优点,广泛用于钢筋接长、预应力钢筋与螺丝端杆的焊接。热轧钢筋的接长宜优先采用闪光对焊,条件不允许利用闪光对焊时才用电弧焊焊接。

1)闪光对焊类别

钢筋闪光对焊按工艺分为连续闪光焊、预热闪光焊、闪光-预热闪光焊 3 种。

(1)连续闪光焊

①工艺程序:连续闪光→顶锻过程。即施焊时将钢筋夹紧在电极钳口上后闭合电源,使两钢筋面轻微接触。由于钢筋端面不平(开始只有一点或数点接触),接触面小而电流密度大,接触电阻也很大,接触点很快熔化并产生金属蒸汽飞溅,形成闪光现象。闪光一开始,就徐徐移动一端钢筋以形成连续闪光,同时接头也被加热,待接头端面烧平已达白热熔化时,随即施加轴向压力迅速进行顶锻。先带电顶锻,后无电顶锻,使 2 根钢筋焊牢。图 5.2 所示为闪光对焊机工作原理示意图。

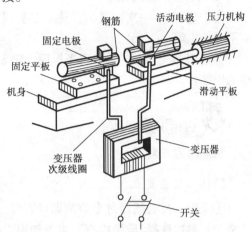

图 5.2　闪光对焊机工作原理示意图

②适用形式:连续闪光对焊宜用于焊接直径22 mm 以内的 HPB300、HRB335、HRB400、HRBF335、HRBF400 级钢筋和直径 16 mm 以内的 HRB500 级钢筋。

连续闪光焊所能焊接的钢筋上限直径,应根据焊机容量、钢筋品牌等具体情况确定,并应符合《钢筋焊接及验收规程》(JGJ 18—2012)中的规定,表 5.1 为连续闪光焊所能焊接的钢筋上限直径。

表 5.1　连续闪光焊钢筋上限直径

焊机容量/(kV·A)	钢筋牌号	钢筋直径/mm
160 (150)	HPB300	22
	HRB335 HRBF335	22
	HRB400 HRBF400	20
100	HPB300	20
	HRB335 HRBF335	20
	HRB400 HRBF400	18
80 (75)	HPB300	16
	HRB335 HRBF335	14
	HRB400 HRBF400	12

(2)预热闪光焊　钢筋直径和级别超过表 5.1 的规定,且钢筋端面较平整时宜采用预热闪光焊。预热闪光焊是在连续闪光焊前增加一次预热过程,以扩大焊接热影响区。

①工艺程序:预热→闪光→顶锻过程。即施焊时先闭合电源,然后使两钢筋端面交替地接触和分开。这时钢筋端面的间隙中即发出断续的闪光而形成预热过程。当钢筋接头达到预热温度后进入闪光阶段,随后顶锻而成。

②适用形式:预热闪光焊适宜焊接直径大于 25 mm,且端面较平整的钢筋。

（3）闪光-预热闪光焊

①工艺程序：一次闪光→预热→二次闪光→顶锻过程。适宜焊接直径大于 25 mm 且端面不平整的钢筋。

②适用形式：闪光-预热闪光焊用于钢筋直径和级别超过表 5.1 的规定，且钢筋端面不平整的钢筋。

钢筋的闪光对焊。

2）操作安全要点

①操作人员必须经过专业培训且有焊工考试合格证，熟悉焊机的构造、性能、操作规程，并掌握工艺参数选择、质量检查要求等知识。表 5.2 为常用对焊机的技术数据。

表 5.2　常用闪光对焊机的技术数据

项 目		型 号				
		UN1—50	UN1—75	UN1—100	UN2—150	UN17—150—1
额定容量/(kV·A)		50	75	100	150	150
负载持续率/%		25	20	20	20	50
初级电压/V		220/380	220/380	380	380	380
次级电压调节范围/V		2.9~5.0	3.25~7.04	4.5~7.6	4.05~8.10	3.8~7.6
次级电压调节级数		6	8	8	16	16
夹具夹紧力/kN		20	20	40	100	160
最大顶锻力/kN		30	30	40	65	80
夹具间最大距离/mm		80	80	80	100	90
动夹具间最大行程/mm		30	30	50	27	30
连续闪光焊时钢筋最大直径/mm		10~12	12~16	16~20	20~25	20~25
预热闪光焊时钢筋最大直径/mm		20~22	22~26	40	40	40
每小时最多焊接件数		50	75	20~30	80	120
冷却水消耗量/(L·h^{-1})		200	200	200	200	200
外形尺寸/mm	长	1 520	1 520	1 800	2 140	2 300
	宽	550	550	550	1 360	1 100
	高	1 080	1 080	1 150	1 380	1 380
质量/kg		360	445	465	2 500	1 900

②操作前应检查焊机各机构是否灵敏可靠，电气系统是否安全，冷却水泵系统有无漏水现象，各润滑部位是否注油良好等。

③严禁焊接超过规定直径的钢筋,主筋必须先对焊后冷拉。为确保焊接质量,在钢筋端头约 150 mm 范围内及对焊机的夹具,要进行清污、除锈及矫正等工作。

④操作人员作业时,必须戴好有色防护眼镜及安全帽等,以免弧光刺激眼睛和熔化的金属灼伤皮肤。

⑤焊机应停放在清洁干燥和通风的地方,现场使用的对焊机应设有防雨、防潮、防晒的机棚,并备有消防器具,施焊范围内不可堆放易燃物。

⑥焊机应设有专用接线开关,并装在开关箱内,熔丝的容量应为该机容量的 1.5 倍。焊机外壳接地必须良好。

⑦作业后要清理好场地,消灭火种,冬季还要用压缩空气吹净冷却管路中存水,切断电源。

⑧被焊钢筋要求平直,安放钢筋于焊机上要放正、夹紧,应使两钢筋端面的凸出部分相接触;烧化过程应该稳定、强烈,防止焊缝金属氧化;顶锻应在足够大的压力下完成,以保证焊口闭合良好和使接头处产生足够的镦粗变形。

⑨钢筋闪光对焊的操作要领是:预热要充分;顶锻前瞬间闪光要强烈;顶锻快而有力。

3)质量通病及防治措施

表 5.3 为闪光对焊异常现象、焊接缺陷及消除措施。

表 5.3　闪光对焊异常现象、焊接缺陷及消除措施

异常现象和焊接缺陷	消除措施
烧化过分剧烈并产生强烈的爆炸声	①降低变压器级数; ②减慢烧化速度
闪光不稳定	①消除电极底部和表面的氧化物; ②提高变压器级数; ③加快烧化速度
接头中有氧化膜、未焊透或夹渣	①增加预热程度; ②加快临近顶锻时的烧化程度; ③确保带电顶锻过程; ④加快顶锻速度; ⑤增大顶锻压力
接头中有缩孔	①降低变压器级数; ②避免烧化过程过分强烈; ③适当增大顶锻留量及顶锻压力
焊缝金属过烧	①减少预热程度; ②加快烧化速度,缩短焊接时间; ③避免过多带电顶锻
接头区域裂纹	①检验钢筋的碳、硫、磷含量,若不符合规定时应更换钢筋; ②采取低频预热方法,增加预热程度

续表

异常现象和焊接缺陷	消除措施
钢筋表面为熔化及烧伤	①检验钢筋被夹紧部位的铁锈和油污; ②消除电极内表面的氧化物; ③改进电极槽口形状,增大接触面积; ④夹紧钢筋
接头弯折或轴线偏移	①正确调整电极位置; ②修整电极钳口或更换已变形的电极; ③切除或矫直钢筋的接头

小组讨论

连续闪光焊、预热闪光焊、闪光-预热闪光焊的操作工艺有何异同?各适用于哪种情况下的钢筋焊接?

5.1.2 电弧焊

以焊条作为一极,钢筋为另一极,利用焊接电流产生的电弧热进行焊接的一种熔焊方法。电弧焊有交流弧焊机和直流弧焊机两类,施工现场多用交流弧焊机,见表5.4。

表5.4 交流弧焊机

项 目		型 号				
		BX1-200	BX1-400	BX2-1000	BX3-300-2	BX3-500-2
初级电压/V		220/380	380	220/380	220/380	220/380
额定初级电流/A		70/40	83	340/196	150/61.9	176/101.4
额定初级容量/(kV·A)		15	31.4	76	23.4	38.6
100%负载持续率时容量/(kV·A)		9	24.4	59	18.5	30.5
额定焊接电流/A		200	400	1 000	300	500
效率/%		80	84.5	90	82.5	87
功效因数		0.45	0.55		0.53	0.62
使用焊条直径/mm		2~5	3~7	—	2~7	2~8
外形尺寸/mm	长	356	640	741	730	730
	宽	320	390	950	540	540
	高	546	764	1 220	900	900
质量/kg		50	144	560	186	225

图 5.3 为交流弧焊机焊接构件示意图。焊机使焊条与焊件之间产生高温电弧,使焊条和电弧燃烧范围内的焊件金属很快熔化,熔化后的金属凝固后,便形成焊缝或焊接接头。焊接时,先将焊件和焊条分别与电焊机两极相连,然后引弧。引弧时,先将焊条端部轻轻和焊件接触,造成瞬间短路,随即很快地提起 2~4 mm,使空气产生电离(呈导电状态)而引燃电弧,以熔化金属。

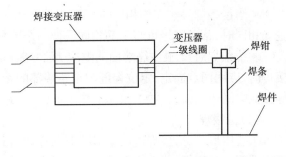

图 5.3 钢筋电弧焊

1)接头形式

钢筋电弧焊包括帮条焊、搭接焊、坡口焊、窄间隙焊和熔槽帮条焊 5 种接头形式。

(1)帮条焊

①适用形式:帮条焊适用于 HPB300、HRB335、HRBF335、HRB400、HRBF400、RRB500、HRBF500 级钢筋。

②分类:帮条焊分为单面焊、双面焊两种形式,如图 5.4 所示。由于双面焊接头受力性能好于单面焊,所以在施工条件不受限制时,应尽量采用双面焊。

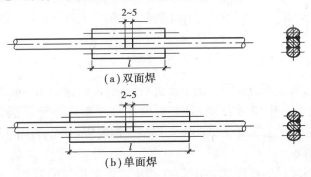

(a)双面焊

(b)单面焊

图 5.4 钢筋帮条焊

③施工要点:

● 焊缝尺寸如图 5.5 所示,焊缝厚度 s 不应小于所接钢筋(主筋)直径的 0.3 倍,焊缝宽度 b 不应小于主筋直径的 0.8 倍。

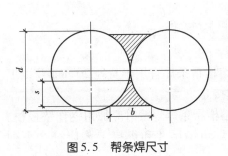

图 5.5 帮条焊尺寸

表 5.5 钢筋帮条长度

钢筋牌号	焊缝形式	帮条长度(l)
HPB300	单面焊	≥8d
	双面焊	≥4d
HRB335 HRBF335 HRB400 HRBF400 HRB500 HRBF500 RRB400W	单面焊	≥10d
	双面焊	≥5d

注:d 为主筋直径(mm)。

• 当帮条牌号与主筋相同时,帮条的直径可与主筋直径相同或小一个规格;当帮条直径与主筋相同时,帮条牌号可与主筋相同或低一个牌号。帮条长度见表5.5。

• 帮条焊时,2 根主筋端面间隙应为 2～5 mm,帮条与主筋之间应用 4 点定位焊固定;搭接焊时,应用两点固定;定位焊缝与帮条端部的距离宜大于或等于 20 mm。焊接时,应在帮条焊形成焊缝中引弧;在端头收弧前应填满弧坑,并应使主焊缝与定位焊缝的始端和终端熔合。

（2）搭接焊

①适用形式:搭接焊适用于 HPB235,HRB335,HRB400,RRB400 级钢筋,接头的钢筋须事先将端部进行弯折,使两段钢筋焊接后仍维持其轴线位于一条直线上。

②分类:搭接焊分单面焊和双面焊两种,如图5.6所示。

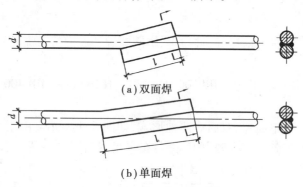

（a）双面焊

（b）单面焊

图5.6　钢筋搭接焊接头

③施工要点:

• 钢筋搭接焊时,宜采用双面焊。当不能进行双面焊时,才采用单面焊。

• 搭接长度与表 5.5 中帮条长度相同,焊缝厚度 s 不应小于所接钢筋（主筋）直径的30%,焊缝宽度 b 不应小于主筋直径的80%。焊接端钢筋应预弯,并应使 2 根钢筋的轴线在同一直线上,如图5.7所示。

• 焊接时,应在搭接焊形成焊缝中引弧;在端头收弧前应填满弧坑,并应使主焊缝与定位焊缝的始端和终端熔合。

• 当需要时,为了防止钢筋搭接焊接头在拉伸试验时焊缝两端开裂,引起脆断,在焊缝两端可稍加绕焊,但不得烧伤主筋。

小组讨论

在钢筋的电弧焊中,帮条焊和搭接焊有哪些相同点和不同点？

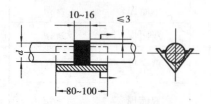

图5.7　钢筋熔槽帮条焊接头

（3）熔槽帮条焊

①适用形式:熔槽帮条焊宜用于直径 20 mm 及以上钢筋的现场安装焊接。

②施工要点:熔槽帮条焊焊接时应加角钢作垫板模。接头形式（图 5.7）、角钢尺寸和焊接工艺应符合下列要求:

- 角钢边长宜为 40～70 mm。
- 钢筋端头应加工平整。
- 从接缝处垫板引弧后连续施焊,并应使钢筋端部熔合,防止未焊透、气孔或夹渣。
- 焊接过程中应停焊清渣;焊平后,再进行焊缝余高的焊接,其高度为 2～4mm。
- 钢筋与角钢垫板之间,应加焊侧面焊缝 1～3 层,焊缝应饱满,表面应平整。

(4)坡口焊

①适用形式:坡口焊适用于装配式框架结构钢筋安装中的柱间节点或梁与柱的节点焊接。

②分类:坡口焊分为坡口平焊和坡口立焊两种,接头形式如图 5.8 所示。钢筋坡口立焊在一些火电厂主厂房建设中应用较多。

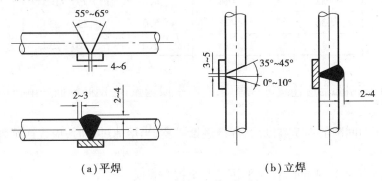

（a）平焊 （b）立焊

图 5.8 坡口焊接头形式

③坡口焊的准备工作和焊接工艺应符合下列要求:

- 坡口面应平顺,切口边缘不得有裂纹、钝边和缺棱。
- 钢垫板厚度宜为 4～6 mm,长度宜为40～60 mm。坡口平焊时,垫板宽度应为钢筋直径加 10 mm,V 形坡口角度宜为 55°～65°;坡口立焊时,垫板宽度宜等于钢筋直径,坡口角度宜为40°～55°(其中下钢筋宜为 0°～10°,上钢筋宜为 35°～45°)。
- 焊缝的宽度应大于 V 形坡口的边缘 2～3 mm,焊缝余高应为 2～4 mm,并平缓过渡至钢筋表面。
- 钢筋与钢垫板之间,应加焊二三层侧面焊缝。
- 当发现接头中有弧坑、气孔及咬边等缺陷时,应立即补焊。

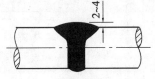

图 5.9 窄间隙焊接头形式

(5)窄间隙焊 钢筋窄间隙焊是将钢筋安放成水平对接形式,焊接时钢筋端部应置于铜模中,并应留出一定的间隙,用焊条连续焊接,熔化钢筋端面使熔敷金属填充间隙,形成接头,如图 5.9 所示。

①适用形式:窄间隙焊适用于直径 16 mm 及以上钢筋的现场水平连接。

②窄间隙焊焊接工艺应符合下列要求:

- 钢筋端面应平整。
- 应选用低氢型焊接材料。
- 端面间隙和焊接参数可按表5.6 选用。

表5.6 窄间隙焊端面间隙和焊接参数

钢筋直径/mm	端面间隙/mm	焊条直径/mm	焊接电流/A
16	9～11	3.2	100～110
18	9～11	3.2	100～110
20	10～12	3.2	100～110
22	10～12	3.2	100～110
25	12～14	4.0	150～160
28	12～14	4.0	150～160
32	12～14	4.0	150～160
36	13～15	5.0	220～230
40	13～15	5.0	220～230

• 从焊缝根部引弧后应连续进行焊接,左右来回运弧,在钢筋端面处电弧应少许停留,并使其熔合。

• 当焊至端面间隙的4/5高度后,焊缝逐渐扩宽;当熔池过大时,应改连续焊为断续焊,避免过热。

• 焊缝余高应为2～4 mm,且应平缓过渡至钢筋表面。

2)焊条

(1)品种 钢筋电弧焊焊条的种类很多,常见的焊条一般为碳钢焊条和低合金钢焊条,其技术标准应符合现行国家标准《碳钢焊条》(GB/T 5117)或《低合金钢焊条》(GB/T 5118)的要求。在钢筋的焊接中,焊条型号应根据设计确定;若设计无规定时,可按表5.7选用。

表5.7 钢筋电弧焊所采用焊条推荐表

钢筋牌号	电弧焊接头			
	帮条焊 搭接焊	坡口焊 熔槽帮条焊 预埋件穿孔塞焊	窄间隙焊	钢筋与钢板搭接焊 预埋件T形角焊
HPB300	E4303 ER50-X	E4303 ER50-X	E4316 E4315 ER50-X	E4303 ER50-X
HRB335 HRBF335	E5003 E4303 E5016 E5015 ER50-X	E5003 E5016 E5015 ER50-X	E5016 E5015 ER50-X	E5003 E4303 E5016 E5015 ER50-X
HRB400 HRBF400	E5003 E5516 E5515 ER50-X	E5503 E5516 E5515 ER55-X	E5516 E5516 ER55-X	E5003 E5516 E5515 ER50-X

钢筋牌号	电弧焊接头形式			
	帮条焊 搭接焊	坡口焊 熔槽帮条焊 预埋件穿孔塞焊	窄间隙焊	钢筋与钢板搭接焊 预埋件T形角焊
HRB500 HRBF500	E5503 E6003 E6016 E6015 ER55-X	E6003 E6016 E6015	E6016 E6015	E5503 E6003 E6016 E6015 ER55-X
RRB400W	E5003 E5516 E5515 ER50-X	E5503 E5516 E5515 ER55-X	E5516 E5515 ER55-X	E5003 E5516 E5515 ER50-X

（2）规格　焊条规格划分是依据其力学性能、药皮类型、焊接位置、焊接电流种类确定的。钢筋工常用的焊条有 E43，E50，E55 系列，E 表示焊条，数字分别表示它们的抗拉强度高于或等于 40 MPa，50 MPa，55 MPa，分别用于焊接 HPB300、HRB335、HRBF335、HRB400、HRBF400 钢筋。

一般碳钢焊条规格表示为 E××××，如 E4303，数字的前两位表示其所在系列，第三位表示焊条的焊接位置，第三位和第四位组合表示焊接电流种类等类型，见表 5.8、表 5.9。

表 5.8　E43 系列焊条

焊条型号	药皮类型	焊接位置	电流种类
E4300	特殊型	平焊、立焊、仰焊、横焊	交流或直流正、反接
E4301	钛铁矿型		
E4303	钛钙型		
E4310	高纤维素钠型		直流反接
E4311	高纤维素钾型		交流或直接反接
E4312	高氢钠型		交流或直流正接
E4313	高氢钾型		交流或直流正、反接
E4315	低氢钠型		直流反接
E4316	低氢钾型		交流或直流反接
E4320	氧化铁	平　焊	交流或直流正、反接
		平角焊	交流或直流正接
E4322		平　焊	
E4323	铁粉钛钙型	平焊、平角焊	交流或直流正、反接
E4324	铁粉钛型		
E4327	铁粉氧化铁型	平　焊	交流或直流正、反接
		平角焊	交流或直流正接
E4328	铁粉低氢型	平焊、平角焊	交流或直流反接

表5.9　E50系列焊条

焊条型号	药皮类型	焊接位置	电流种类
E5001	钛铁矿型	平焊、立焊、仰焊、横焊	交流或直流正、反接
E5003	钛钙型		交流或直流正、反接
E5010	高纤维素钠型		直流反接
E5011	高纤维素钾型		交流或直流反接
E5014	铁粉钛型		交流或直流正、反接
E5015	低氢钠型		直流反接
E5016	低氢钾型	平焊、平角焊	交流或直流反接
E5018	铁粉低氢钾型		交流或直流反接
E5018M	铁粉低氢型		直流反接
E5023	铁粉钛钙型	平焊、仰焊、横焊、向下立焊	交流或直流正、反接
E5024	铁粉钛型		交流或直流正、反接
E5027	铁粉氧化铁型		交流或直流正接
E5028	铁粉低氢型		交流或直流反接

（3）性能　各系列焊条都可用于焊接钢筋,一般采用"03"（型号的第3位和第4位数字）,重要结构的钢筋最好采用低氢型碱性焊条"15"或"16"。这3种焊条的性能如下:

①"03"为钛钙型焊条,焊条熔渣流动性良好,脱渣容易,电弧稳定,熔深适中,飞溅适中,飞溅少,焊皮整齐,适用于全位置焊接。

②"15"为低氢钠型焊条,焊条熔渣流动性好。焊波较粗,角焊缝略凸,熔深适中,脱渣性较好。焊接时要求焊条干燥,并采用短弧焊,可全位置焊接。

③"16"为低氢钾型焊条,电弧稳定、工艺性能、焊接位置与"15"型焊条相似,焊接电流为交流或直流反接。

5.1.3　电阻点焊

电阻点焊主要用于钢筋的交叉连接,适用于混凝土结构中的钢筋焊接骨架和钢筋焊接网的焊接。它生产效率高,节约材料,应用比较广泛。点焊机主要由加压机构、焊接回路和电极组成,如图5.10所示。其工艺过程中包括预压、通电、锻压3个阶段。

（1）常见的几种点焊机　电阻点焊根据钢筋牌号、直径及焊机性能等具体情况,选择合适的变压器级数、焊接通电时间和电极压力。表5.10是几种常用点焊机参数。

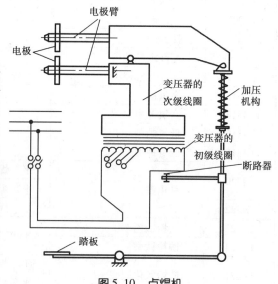

图5.10　点焊机

表 5.10 常用点焊机参数

项 目	型 号					
	SO232A	SO432A	DN3-75	DN3-100	DN-63	DN-125
额定容量/(kV·A)	17	31	75	100	63	125
负荷持续率/%	50	50	20	20	50	50
初级电压/V	380	380	380	380	380	380
初级额定电流/A	44.7	81.6	197.4	263	166	330
可焊钢筋直径/mm	8~10	10~12	8~10	10~12	15	20
外形尺寸/mm 长	765	860	1 610	1 610	1 400	1 550
宽	400	400	730	730	400	400
高	1 405	1 405	1 460	1 460	1 890	1 890
质量/kg	160	225	800	850	790	900

（2）注意事项

①钢筋焊接骨架和钢筋焊接网可由 HPB300、HRB335、HRBF335、HRB400、HRBF400、HRB500、HRBF500、CRB550 级钢筋制成。若 2 根钢筋直径不同，当焊接骨架较小，钢筋直径小于或等于 10 mm 时，大、小钢筋直径之比不宜大于 3；当较小钢筋直径为 12~16 mm 时，大、小钢筋直径之比不宜大于 2；焊接网较小钢筋直径不得小于较大钢筋直径的 0.6 倍。焊点的压入深度应为较小钢筋直径的 18%~25%。

②钢筋焊接网、钢筋焊接骨架宜用于成批生产；焊接时应按设备使用说明书中的规定进行安装、调试和操作，根据钢筋直径选用合适电极压力、焊接电流和焊接通电时间。

③在点焊生产中，应经常保持电极与钢筋之间接触面的清洁平整；当电极使用变形时，应及时修整。

④钢筋点焊生产过程中，应随时检查制品的外观质量；当发现焊接缺陷时，应查找原因并采取措施，及时消除。

（3）质量通病及防治措施　表 5.11 是点焊制品焊接缺陷及消除措施。

表 5.11 点焊制品焊接缺陷及消除措施

缺 陷	产生原因	措 施
焊点过烧	①变压器级数过高；②通电时间过长；③上下电极中心不对称；④继电器接触失灵	①降低变压器级数；②缩短通电时间；③切断电源，校正电极；④清理触电，调节间隙

续表

缺　陷	产生原因	措　施
焊点脱落	①电流过小; ②压力不够; ③压入深度不足; ④通电时间太短	①提高变压器级数; ②加大弹簧压力或调大气压; ③调整两电极间距离符合压入深度要求; ④延长通电时间
钢筋表面烧伤	①钢筋和电极接触表面太脏; ②焊接时没有预压过程或预压力过小; ③电流过大; ④电极变形	①清刷电极与钢筋表面的铁锈和油污; ②保证预压过程和适当的预压力; ③降低变压器级数; ④修理或更换电极

钢筋的电弧焊和电阻点焊。

5.1.4　电渣压力焊

将 2 根钢筋安放成竖向对接形式,利用焊接电流通过 2 根钢筋端面间隙,在焊剂层下形成电弧过程和电渣过程,产生电弧热和电阻热,熔化钢筋,加压完成的一种压焊方法。一般用于钢筋混凝土结构中竖向或斜度不大(不大于 10°)钢筋的连接。与电弧焊相比较,它具有工效高、成本低等优点。图 5.11 是电渣压力焊示意图。

电渣压力焊属于熔化压力焊范畴,适用于直径为 12 ~ 40 mm 的 HPB300、HRB335、HRBF335、HRB400、HRBF400、HRB500、HRBF500 级竖向钢筋的连接,但直径为 28 mm 以上钢筋的焊接技术难度较大。电渣压力焊工艺复杂,对焊工要求高。此外,在供电条件差(电压不稳等)、雨季或防火要求高的场合应慎用。

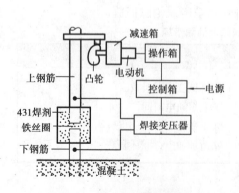

图 5.11　电渣压力焊示意图

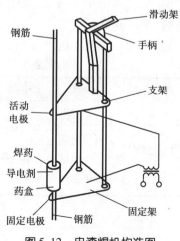

图 5.12　电渣焊机构造图

1)施焊方法

电渣压力焊是利用电流通过渣池产生的电阻热将钢筋端部熔化,然后施加压力使钢筋焊合的。电渣焊机构造如图5.12所示。

(1)工艺过程

①焊接夹具(图5.13)的上下钳口应夹紧于上、下钢筋上;钢筋一经夹紧,不得晃动,且两钢筋应同心。其工作示意如图5.14所示。操作前应将钢筋待焊端部约150 mm范围内的铁锈、杂物及油污消除干净;要根据竖向钢筋接长的高度搭设必要的操作架子,确保工人扶直钢筋时操作方便。

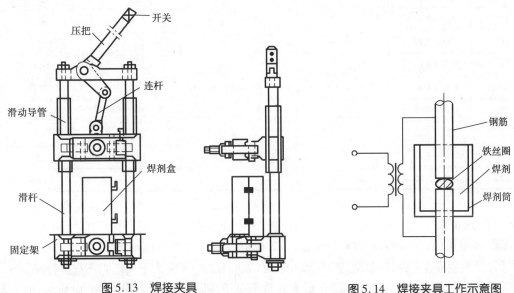

图5.13 焊接夹具   图5.14 焊接夹具工作示意图

②引弧可采用直接引弧法,或铁丝圈(焊条芯)引弧法,如图5.15所示。

③引燃电弧后,应先进行电弧过程,然后,加快上钢筋下送速度,使上钢筋端面插入液态渣池约2 mm,从而转变为电渣过程,最后在断电的同时,迅速下压上钢筋,挤出熔化金属和熔渣。

④接头焊毕,应稍作停歇,方可回收焊剂和卸下焊接夹具。敲去渣壳后,四周焊包凸出钢筋表面的高度,当钢筋的直径为25 mm及以下时,不得小于4 mm,当钢筋的直径为28 mm及以上时,不得小于6 mm,如图5.16所示。

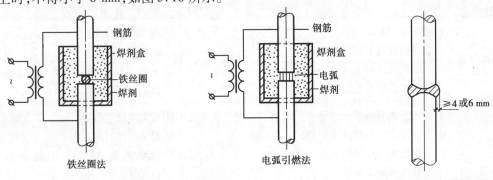

图5.15 引弧示意图   图5.16 凸出钢筋
                                         表面焊包尺寸

钢筋的电渣压力焊。

（2）主要技术参数　见表5.12。

表5.12　电渣压力焊主要技术参数

钢筋直径 /mm	焊接电流 /A	焊接电压/V		焊接通电时间/s	
		电弧过程 $U_{2.1}$	电渣过程 $U_{2.2}$	电弧过程 t_1	电渣过程 t_2
12	280~320			12	2
14	300~350			13	4
16	300~350			15	5
18	300~350			16	6
20	350~400	35~45	18~22	18	7
22	350~400			20	8
25	350~400			22	9
28	400~450			25	10
32	450~500			30	11

（3）注意事项

①焊剂使用前，须经恒温250 ℃烘焙1~2 h，同时应除去熔渣和杂物。

②焊接前应检查电路，观察网路电压波动情况，如电源的电压降大于5%，则不宜进行焊接。

③焊接夹具应具有足够的刚度，在最大允许荷载下应移动灵活，操作便利，电压表、时间显示器应配备齐全。

2）质量通病及防治措施

在焊接生产中，焊工应随时进行自检，当发现焊接接头有偏心、弯折、烧伤等缺陷时，宜按表5.13查找原因和采取措施及时消除。

表5.13　电渣压力焊接头焊接缺陷及防治措施表

焊接缺陷	措　施	焊接缺陷	措　施
轴线偏移	①矫直钢筋端部； ②正确安装夹具和钢筋； ③避免过大的顶压力； ④及时修理或更换夹具	咬　边	①减少焊接电流； ②缩短焊接时间； ③注意上钳口的起点和止点，确保上钢筋顶压到位
弯　折	①矫直钢筋端部； ②注意安装和扶持上钢筋； ③避免焊后过快卸夹具； ④修理或更换夹具	未焊合	①增大焊接电流； ②避免焊接时间过短； ③检修夹具，确保上钢筋下送自如

续表

焊接缺陷	措　施	焊接缺陷	措　施
焊包不匀	①钢筋端面力求平整； ②填装焊剂尽量均匀； ③延长电渣过程时间，适当增加熔化量	焊包下淌	①彻底封堵焊剂筒的漏孔； ②避免焊后过快回收焊剂
烧　伤	①钢筋导电部位除净铁锈； ②尽量夹紧钢筋		

电渣压力焊

电渣压力焊为我国首创，目前已有成熟的工法。竖向钢筋电渣压力焊技术，代替了原来习惯采用的搭接绑扎和手工电弧焊的方法。应用此技术可以达到保证施工质量、降低工程成本、加快工程进度、减轻工人劳动强度的良好效果，而且工艺操作简单、容易掌握。

1. 焊接范围

多、高层框架（或框剪等）结构中的竖向钢筋直径 12～40 mm 的 HPB300、HRB335、HRBF335、HRB400、HRBF400、HRB500、HRBF500、CRB500 级钢筋，其焊接接头质量应符合《钢筋焊接及验收规程》（JGJ 18—2012）规定。

2. 工艺流程

检查钢筋质量→检查焊接设备→校正钢筋垂直→固定焊接夹具→装焊剂→接通电源→引弧→稳压→加压顶锻保温→收集剩余焊剂、拆除夹具→打掉熔渣、检查焊接接头质量。

3. 质量及安全措施

①电源电缆和控制电缆连接要正确。

②电源和控制器外壳必须固定地线，接地线如为铜线，截面面积为 6～10 mm^2，铝线为 20 mm^2。

③上下钢筋端部要直、平，除去锈蚀和油污。

④"431"焊剂要烘干，切勿用潮湿焊剂施焊。

⑤上下钢筋要求对齐，轴线偏移量小于 0.1d，或小于 2 mm。

⑥操作人员必须戴好绝缘手套，穿绝缘鞋。

⑦电源一次线截面积不小于 25 mm^2，二次线上的电压降大于 4 V。

⑧焊接过程中上钢筋不能与焊好的钢筋相碰。

⑨施焊前应对所用钢筋进行试焊，合格后方可施焊。

⑩在施焊过程中，应随机检查焊接质量。

⑪下班后必须保管好机头、控制箱、电缆等，避免损坏。

5.1.5　气压焊

钢筋气压焊是采用氧乙炔焰或其他火焰对两钢筋对接处加热，使其达到塑性状态（固态）

或熔状态(熔态)后,加压完成的一种压焊方法,按加热温度和工艺方法不同,可分为固态气压焊和熔态气压焊两种。图5.17是钢筋气压焊示意图。

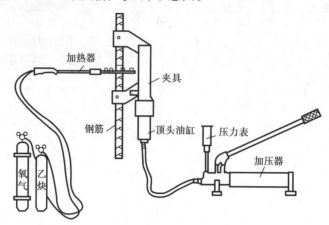

图5.17 钢筋气压焊示意图

气压焊可用于焊接直径为 16～40 mm 的 HPB300、HRB335、HRBF335、HRB400、HRBF400级钢筋,不同直径钢筋连接也可用此工艺,但两钢筋直径差不得大于 7 mm。用于气压焊的设备有供气设备、多嘴环管加热器、加压器、焊接夹具,其工艺过程为:

(1)焊前准备

①搭设操作架子:应根据竖向钢筋接长的高度确定架子高度,架子应稳定、适宜工人操作。

②确定下料长度:由于此工艺对钢筋内接头会有压缩,下料长度必须多出钢筋直径的0.6～6倍。

③切断:切断时应使用砂轮锯,切口处应平整并与钢筋轴线垂直;然后用磨光机打磨,断面呈现金属光泽,不得有弯折、扭曲现象;切口处 100 mm 范围内的污物应清除干净。

(2)安装钢筋 将 2 根要对接的钢筋用专用夹具夹紧。

(3)加热过程 先将碳化焰对准两端接缝处集中加热,火焰包住接缝;待接缝完全接合紧密后,用中性焰,在接口两侧各 1 倍钢筋直径长度范围内往复加热。

(4)加压成型 加压法有等压法、二次加压法、三次加压法,应根据焊接设备、钢筋直径等条件选用,通过最终的加热加压,使钢筋接头形成规定的镦粗区形状,然后停止加热,略微延时后,卸除压力夹具。

(5)质量通病及防治措施 见表5.14。

表5.14 气压焊接头焊接缺陷及消除措施

焊接缺陷	产生原因	措施
轴线偏移 (偏心)	①焊接夹具变形,两夹头不同心,或夹具刚度不够; ②两钢筋安装不正; ③钢筋接合端面倾斜; ④钢筋未夹紧就进行焊接	①检查夹具,及时修理或更换; ②重新安装夹紧; ③切平钢筋端面; ④夹紧钢筋再焊
弯折	①焊接夹具变形,两夹头不同心; ②平焊时,钢筋自由端过长; ③焊接夹具拆卸过早	①检查夹具,及时修理或更换; ②缩短钢筋自由端长度; ③熄火后半分钟再拆夹具

焊接缺陷	产生原因	措　施
镦粗直径不够	①焊接夹具动夹头有效行程不够； ②顶压油缸有效行程不够； ③加热温度不够； ④压力不够	①检查夹具和顶压油缸,及时更换； ②采用适宜的加热温度及压力
镦粗长度不够	①加热幅度不够宽； ②顶压力过大过急	①增大加热幅度； ②加压时应平稳
钢筋表面严重烧伤	①火焰功率过大； ②加热时间过长； ③加热器摆动不匀	调整加热火焰,正确掌握操作方法
未焊合	①加热温度不够或热量分布不均； ②顶压力过小； ③接合端面不洁； ④端面氧化； ⑤中途灭火或火焰不当	合理选择焊接参数,正确掌握操作方法

5.1.6　钢筋负温焊接

1)一般规定

①钢筋负温焊接是指环境温度低于 -5 ℃条件下的施焊工作。负温焊接可采用闪光对焊、电弧焊及气压焊接方法。当温度低于 -20 ℃时,不宜进行施焊。

②雪天或施焊现场进行闪光对焊或电弧焊时风速超过 7.9 m/s,气压焊时风速超过 5.4 m/s(3 级风),应采取遮蔽措施,焊接后冷却的接头应避免碰到冰雪。

2)负温条件下对闪光对焊的要求

①HRB400 级钢筋负温闪光对焊工艺及参数,可按常温焊接的有关规定执行。

②热轧钢筋负温下闪光对焊宜采用预热闪光焊或闪光-预热闪光焊工艺。钢筋端面比较平整时,宜采用预热闪光焊,端面不平整时,宜采用闪光-预热闪光焊。

③钢筋负温闪光焊工艺应控制热影响区长度。热影响区长度随钢筋级别、直径的增加而适当增加。焊接参数应根据当地气温按常温参数调整。

④采用较低变压器级数,宜增加调伸长度、预热留量、预热次数、预热间歇时间和预热接触压力,并宜减慢烧化过程中的速度。

3)负温条件下对电弧焊的要求

①钢筋负温下电弧焊,宜采取分层控温施焊,第一层焊缝应从中间引弧,向两端施焊;以后

各层控温施焊,层间温度控制在 150 ~ 350 ℃。多层施焊时,可采用回火焊道施焊。

②钢筋负温电弧焊时,可根据钢筋级别、直径、接头形式和焊接位置,选择焊条和焊接电流。焊接时,宜增大焊接电流,减低焊接速度。

③钢筋负温帮条焊或搭接焊的焊接工艺应符合下列要求:

• 帮条与主筋之间应用 4 点定位焊固定,搭接焊时应用两点固定。定位焊缝与帮条或搭接端部距离应等于或大于 20 mm。

• 帮条焊的引弧应在帮条钢筋的一端开始,收弧应在帮条钢筋端头上,弧坑应填满。

• 焊接时,第一层焊缝应具有足够的熔深,主焊缝或定位焊缝应熔合良好。平焊时,第一层焊缝应先从中间引弧,再向两端引弧;立焊时,应先从中间向上方运弧,再从下端向中间运弧。在以后各层焊缝焊接时,应采用分层控温施焊。

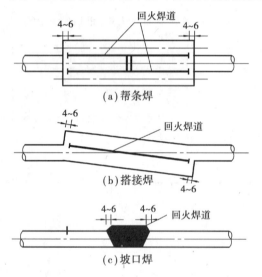

图 5.18　钢筋负温电弧焊回火焊道

• 帮条接头或搭接接头的焊缝厚度不应小于钢筋直径的 0.3 倍,焊缝宽度不应小于钢筋直径的 0.8 倍。

④钢筋负温坡口焊的工艺应符合下列要求:

• 焊缝根部、坡口端面以及钢筋与钢垫板之间均应熔合,焊接过程中应经常除渣。

• 焊接时,宜采用几个接头轮流施焊。

• 加强焊缝的宽度应超过 V 形坡口边缘2 ~ 3 mm,高度应超过 V 形坡口下边缘 2 ~ 3 mm,并应平缓过渡到钢筋表面。

• 加强焊缝的焊接,应分两层控温施焊。

⑤ 热轧 HRB335、HRBF335、HRB400、HRBF400 级钢筋多层施焊时,焊后可采用回火焊道施焊,其回火焊道的长度应比前一层焊道在两端各缩短 4 ~ 6 mm,如图 5.18 所示。

5.1.7　钢筋化学成分对焊接的影响

在实际焊接操作中,有的钢筋容易焊成可靠优质的焊件,有的钢筋则相反,这就是钢筋的可焊性。

钢筋的可焊性是由钢筋化学成分决定的。钢筋中除铁外,还含有少量的碳、硅、锰等元素,其中碳对钢筋性能的影响最大。在所有元素中,碳含量变化引起性能波动最敏感,是影响钢筋可焊性的重要元素。钢筋含碳量高则可焊性不好,因此,在确定钢筋可焊性时,一般将钢筋中有影响的化学元素含量折算为碳当量(表示为 C_{eq})。可焊性好是钢筋焊接的一个基本条件,C_{eq} 一般控制在不超过 0.55% 的水平,见表 5.15。

表 5.15　C_{eq} 对可焊性的影响

C_{eq}	$C_{eq} \leqslant 0.4$	$0.4 < C_{eq} \leqslant 0.6$	$C_{eq} > 0.6$
可焊性	好	稍差	不良

5.1.8　焊接安全技术

①承担钢筋焊接工程的企业应建立健全钢筋焊接安全生产管理制度,并应对实施焊接操作和安全管理人员进行安全培训,经考核合格后方可上岗。

②操作人员必须按焊接设备的操作说明书或有关规程正确使用设备和实施焊接操作。

③焊接操作及配合人员在操作前,应戴好安全帽、佩戴电焊手套、围裙、护腿,穿阻燃工作服;穿焊工皮鞋或电焊工劳保鞋、应戴防护眼镜(滤光或遮光镜)、头罩或手持面罩等劳动保护用品。

④焊接人员进行仰焊时,应穿戴皮制或耐火材质的套袖、披肩罩或斗篷,以防头部灼伤。

⑤焊接工作区域操作环境符合环境质量体系要求,应配备足够的消防设施和设置警告标志。

⑥焊接机械设备应设置符合规范要求的配电开关箱,配电开关内应安装熔断器和漏电保护开关;焊接机械的电源部分要妥加保护,外壳应有可靠的接地或接零;焊机的保护接地线应直接从接地处引接,其接地电阻不应大于 4 Ω,不允许两台焊机使用一个电闸刀。

⑦更换场地移动把线时,应切断电源,并不得手持把线爬梯登高。

⑧工作结束,应切断电源,并检查操作区域,确认无起火危险后方可离开。

⑨在运转中不得对设备维修保养,需维修保养时,必须停机后切断电源才能进行。

⑩电焊着火时,应先切断电源,再用二氧化碳、211 干粉灭火器灭火,禁止使用泡沫灭火器。

⑪施工现场施焊时应按防火制度申请动火审批手续。

活动建议

1. 到施工现场,了解钢筋焊接与钢筋绑扎搭接有哪些异同,各有何优缺点?

2. 阅读有关工程中钢筋焊接的验收规范,并举例说明。

3. 到互联网上查看钢筋焊接的先进工艺和生产技术。

练习作业

1. 钢筋焊接有哪几种方法?

2. 常用的焊接方法有何区别,各适用于哪些生产环境与条件?

3. 在焊接施工中要注意哪些安全注意事项?

4. 电渣压力焊接头出现弯折缺陷时应采取什么措施?

5.2 钢筋的机械连接

问题引入

钢筋的机械连接是通过钢筋与连接件的机械咬合作用或钢筋端面的承压作用,将一根钢筋中的力传递至另一根钢筋的连接方法。钢筋机械连接现场操作简单,施工速度快,无明火作业,不受气候条件、季节影响,不被钢筋可焊性所制约,具有工艺性能良好和接头性能可靠度高等特点。所以在钢筋混凝土结构中要广泛推广使用钢筋机械连接,做到技术先进、安全适用、经济合理、确保连接质量。右图柱子的钢筋就是采用的机械连接。

钢筋最常用的机械连接方法有两种:套筒挤压连接法和螺纹套筒连接法,而螺纹套筒连接法又分为锥螺纹套筒连接法和直螺纹套筒连接法。

5.2.1 套筒挤压连接

套筒挤压连接是通过挤压力使连接件钢套筒塑性变形与带肋钢筋紧密咬合形成的接头,如图5.19所示。其基本原理是:将2根待接长的钢筋套入套筒,利用冷压机械使套筒产生塑性变形,变形的套筒内壁嵌入变形钢筋的螺纹内,由此产生抵抗剪力来传递钢筋连接处的轴向力。该法适应性强,可用于垂直、水平、倾斜、高空、水下等各方位的钢筋连接。其主要缺点是设备移动不便,连接速度较慢。

(1)工艺流程

挤压连接工艺流程为:钢筋、套筒质量验收→钢筋断料→套筒画套入长度标记→将钢筋套入套筒内→安装压接钳→开动液压泵、逐扣压套筒至接头成型→卸下压接钳→接头外形检查

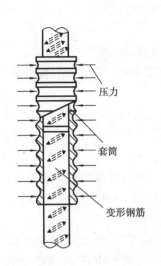

图 5.19　套筒挤压连接

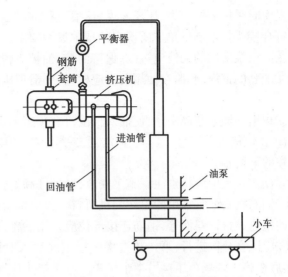

图 5.20　挤压工艺设备布置图

验收。设备布置示意图如图 5.20 所示。

（2）套筒和施工机具

①套筒：要求抗拉强度和屈服强度大于或等于被连接钢筋的抗拉强度和屈服强度,延伸率等于或大于 20%。套筒的全截面强度大于被连接钢筋强度标准值。

②施工机具：主要采用 CY 型手持式钢筋连接机,其工作压力为 32～150 MPa,整机功率 0.8～1.5 kW。常用的几种挤压机技术数据见表 5.16。

表 5.16　常用挤压机技术数据

项　目		型　号		
		GYJ25	GYL32	GYL40
确定工作压力/(N·mm^{-2})		80	80	80
确定挤压力/kN		760	760	900
外形尺寸/mm	直径	150	150	170
	长	433	480	530
质量(不带压模)/kg		23	27	34
压模	可配压模型号	M18,M20,M22,M25	M20,M22,M25,M28,M32	M32,M36,M40
	可连接钢筋的直径/mm	18～25	20～32	32～40
	质量/(kg·套$^{-1}$)	5.6	6	7

（3）操作要点

①使用挤压设备(挤压机、油泵、输油软管等)前应对挤压力进行标定(挤压力大小通过油压表读数控制)。

②要事先检查压模、套筒是否与钢筋相互配套,压模上应有相对应的连接钢筋规格标记。

挤压操作时采用的挤压力、压模宽度、压痕直径或挤压后套筒长度的波动范围以及挤压道数，均应符合接头技术提供单位所确定的技术参数要求。

③高压泵所用的油液应过滤，保持清洁；油箱应密封，防止雨水、灰尘侵入。

④配套的钢筋、套筒在使用前都应检查，要清理压接部位的污物；要检查配套是否合适，并进行试套。

⑤将钢筋插入套筒中，要使插入长度符合预定要求，即钢筋端头离套筒长度中点不宜超过10 mm(在钢筋上画记号，以与套筒端面齐平)；对正压模位置，并使压模运动方向与钢筋两纵肋所在的平面垂直。

⑥操作过程中应特别注意施工安全，应遵守高处作业安全规程以及各种设备的使用规程。

⑦钢筋接头处宜采用砂轮切割机断料。为保证套筒能自由套入钢筋，应校正或切除钢筋端部的扭曲、弯折、斜面等，钢筋连接部位应采用砂轮机修磨平整。

⑧冷压宜分次进行，第一次先将一根钢筋套入套筒一半长度内，开动压接钳压接半个接头，然后在施工现场再压接另半个接头。对接接头应逐个进行外观检查，以1 000个同批次接头为一组，每组抽取3个试样做抗拉强度试验，也可以模拟试件进行。

(4)适用范围　套筒挤压连接适用于连接直径为18～40 mm的国产HRB335、HRBF335、HRB400、HRBF400、HRB500、HRBF500级变形钢筋及相当于以上级别的进口变形钢筋，现场压接操作净距应大于50 mm。

5.2.2　螺纹连接

螺纹连接接头按《钢筋机械连接技术规程》(JGJ 107—2010)规定可分为锥螺纹接头和直螺纹接头，而直螺纹接头又分为镦粗直螺纹接头和滚轧直螺纹接头等。

1)锥螺纹套筒连接

锥螺纹套筒连接是通过钢筋端头特制的锥形螺纹和锥纹套管，按规定的力矩值将2根钢筋咬合在一起的连接方法，如图5.21所示。该法适用于直径为16～40 mm的HRB335、HRBF335、HRB400、HRBF400、HRB500、HRBF500、RRB400级钢筋的连接，但这种连接接头改变了所连接钢筋的有效截面积。

(1)操作程序　钢筋下料→钢筋套丝→接头单体试件试验→钢筋连接→质量检查。

(2)操作要点

①安装套筒：检查套筒规格是否与钢筋配套，规格是否一致；检查钢筋及套筒螺纹是否完好。

②拧紧接头：在加工钢筋套丝时按规定的扭矩值拧上锥螺纹连接套，施工时再对正轴线将另外一端钢筋拧入连接套内，用扭力扳手按规定的扭矩值拧紧。接头安装时拧紧扭矩值见表5.17，不得超拧。

表5.17　钢筋锥螺纹接头安装时的拧紧扭矩值

钢筋直径/mm	≤16	18～20	22～25	28～32	36～40
拧紧扭矩/(N·m)	100	180	240	300	360

③做标记:连接操作完成的接头应立即做上标记,防止漏拧。

④钢筋连接拧紧操作次序:如图5.22所示,连接水平钢筋时,必须先将钢筋托平对正用手拧紧,再按以上方法连接。

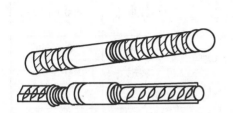
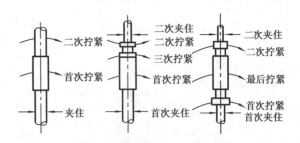

图5.21　锥螺纹连接钢筋示意图　　　图5.22　钢筋连接拧紧操作示意图

锥螺纹套筒是工厂在专用机床上加工,钢筋套丝在钢筋套丝机床上进行,钢筋锥螺纹丝头的锥度、牙形、螺距等必须与连接套筒一致。

2)直螺纹连接

直螺纹连接是用直螺纹套筒将2根钢筋端头对接在一起,利用螺纹的机械咬合力传递拉力或压力,如图5.23所示。直螺纹连接接头有镦粗直螺纹接头、滚轧直螺纹接头和剥肋滚轧直螺纹接头。镦粗直螺纹接头是通过端头特制的螺纹和连接件螺纹咬合形成的接头;滚轧直螺纹接头是通过钢筋端面直接滚轧制作的直螺纹和连接件螺纹咬合形成的接头;剥肋滚轧直螺纹接头是通过钢筋端面剥肋后经冷滚轧加工制作的直螺纹和连接件螺纹咬合形成的接头。

直螺纹连接适用于连接 HRB335、HRBF335、HRB400、HRBF400、HRB500、HRBF500、RRB400 级钢筋,优点是不改变接长钢筋的受力面积、工序简单、速度快、不受气候因素影响,可用于混凝土结构中钢筋间的任意方向和位置(垂直、水平、倾斜)的同、异径间的连接。

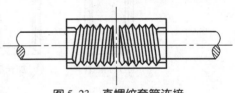

图5.23　直螺纹套筒连接

在混凝土结构中使用钢筋剥肋滚轧直螺纹连接法在我国正被广泛应用。所谓剥肋滚轧是通过专用钢筋剥肋滚轧机床,先剥去钢筋端头的纵、横肋,再经滚轧成螺纹丝头的加工工艺。剥肋滚轧直螺纹连接法适用于工业与民用建(构)筑物混凝土结构中的 16 ～ 40 mm 的 HRB335、HRBF335、HRB400、HRBF400、HRB500、HRBF500、RRB400 级钢筋的连接。下面主要介绍钢筋剥肋滚轧直螺纹连接法。

(1)主要机具

①钢筋剥肋滚轧机床:钢筋剥肋滚轧机床由主电机减速部件、主轴箱部件、剥肋滚轧部件、虎钳紧固部件、床身机座部件、电控系统和循环系统组成。在加工中,实现剥肋滚轧刀具自动张合、自动退刀和自动停止,机床主要技术参数见表5.18。

②扳手和钢筋切断机。

表 5.18 机床主要技术参数

加工参数		指 标	设备参数			性能指标
滚轧范围		M16～M40	电机功率			3 kW 380 V
滚轧丝头最大长度		120 mm	主轴	A 型	转速	62 r/min
螺距/mm	P = 2.0	适用钢筋直径 d = 16～22 mm			转矩	400 N·m
	P = 2.5	适用钢筋直径 d = 25～32 mm		B 型	转速	50 r/min
					转矩	500 N·m
	P = 3.0	适用钢筋直径 d = 36～40 mm	冷却泵	电机功率		90 W
				排 量		25 L/min

(2)连接件 用于连接钢筋并与钢筋丝头相匹配的内直螺纹套筒称为连接件。连接件应按设计图纸制造,所用材料的性能指标应符合《优质碳素结构钢》(GB 699)和《低合金高强度结构钢》(GB 1591)的要求。锁定连接件与钢筋丝头相对位置的限位防滑螺母称为锁母,锁母材料宜选用普通碳素结构钢 Q235B,其性能指标应符合《普通碳素结构钢》(GB 700)的要求。连接件有标准型、加长型、异径型、正反丝扣型,如图 5.24 所示。其类型、使用范围及代号见表 5.19。标准型是带右旋内螺纹的连接套筒,连接套筒的尺寸见表 5.20。

(a)标准型　　(b)加长型　　(c)异径型　　(d)正反丝扣型

图 5.24 连接套

表 5.19 连接件分类

序 号	类 型	连接方法和使用条件	代 号
1	标准型	用于常规情况下的同径钢筋连接	BZ
2	加长型	用于设计加长尺寸的同、异径钢筋连接	JC
3	异径型	用于常规情况下的异径钢筋连接	YJ
4	正反丝扣型	用于直接转动连接的同、异径钢筋连接	ZF

表 5.20　连接套筒的规格尺寸

钢筋直径/mm	连接套筒外径/mm	连接套筒长度/mm	螺纹规格
20	32	40	M24×2.5
22	34	44	M25×2.5
25	39	50	M29×2.5
28	43	56	M32×2.5
32	49	64	M36×2.5
36	55	72	M40×2.5
40	61	80	M45×2.5

连接件的型号由名称代号、类型代号和连接钢筋的主要参数组成：

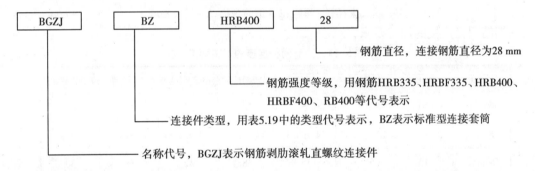

连接钢筋直径为28 mm

钢筋强度等级，用钢筋HRB335、HRBF335、HRB400、HRBF400、RB400等代号表示

连接件类型，用表5.19中的类型代号表示，BZ表示标准型连接套筒

名称代号，BGZJ表示钢筋剥肋滚轧直螺纹连接件

（3）施工技术

①准备工作：

●连接件的准备：当连接件进入施工现场时，应开箱查验产品的规格、型号、生产批号合格证和材质证明复印件。

●设备的准备：机床型号应与加工丝头钢筋直径范围相匹配，机床、切断机的安装应牢固平稳，加工前应调试使其运转正常，辅助设施应就位。

●钢筋的准备：钢筋直径应分别满足《钢筋混凝土用热轧带肋钢筋》（GB 1499）、《钢筋混凝土用余热处理钢筋》（GB 13014）的要求。端部（按丝头长度的2～3倍）的水锈、油污、砂浆等附着物应彻底清除，矫直钢筋端部弯曲和修磨端头切口的飞边。当钢筋端头有腐蚀锈斑影响丝扣质量时不得进行丝头加工，钢筋的切割必须用冷加工，其平头切口端面倾斜度不应大于2°。

②加工钢筋端头丝扣：机床加工钢筋直螺纹丝头应一次剥肋滚轧成型，要求螺纹精度达到《普通螺纹公差与配合》（GB 197）中的规定，并实现剥肋滚轧刀具自动张合，自动退刀和自动停止。

③接头连接：

●对于标准型、加长型、异径型连接，应先将加工好丝头的钢筋和连接件就位。将待接钢筋丝头旋入连接件并拧紧（若设计有锁母时应先将锁母旋到钢筋丝头预定位置），再将另一待接钢筋的丝头旋入连接件，并拧紧到位。

● 当两端钢筋不易转动时,可采用正反丝扣型连接件,旋转连接件,同时连接两端钢筋,并拧紧到位。

● 连接钢筋的外露丝扣每端不应大于 1 个螺距。

④接头的施工现场检验与验收(5.3 节讲述)。

(4)操作流程 工艺流程:钢筋切割→(剥肋)滚轧螺纹→丝头检验→套上保护帽→现场丝接。
套筒机加工、保护 ┘

①钢筋剥肋滚轧螺纹丝头加工:钢筋滚轧直螺纹连接丝头,是采用专门的滚轧机床对钢筋端部进行剥肋滚轧,螺纹要求一次成型。钢筋加工丝头如图 5.25 所示。

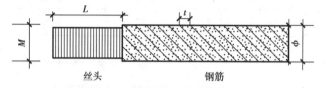

图 5.25 钢筋丝头加工示意图

M—丝头大径;t—螺距;ϕ—钢筋直径;L—螺纹长度

● 钢筋同径连接的加工要求,见表 5.21。

表 5.21 钢筋同径连接的加工要求

代 号	A20R-J	A22R-J	A25R-J	A28R-J	A32R-J	A36R-J	A40R-J
ϕ/mm	20	22	25	28	32	36	40
$M \times t$	19.6×3	21.6×3	24.6×3	27.6×3	31.6×3	35.6×3	39.6×3
L/mm	30	32	35	38	42	46	50

● 钢筋同径连接左右旋加工要求,见表 5.22。

表 5.22 钢筋同径连接左右旋加工要求

代 号	ϕ/mm	$M \times t$(左)	$M \times t$(右)	L/mm
A20RLR-G	20	19.6×3	19.6×3	34
A22RLR-G	22	21.6×3	21.6×3	36
A25RLR-G	25	24.6×3	24.6×3	39
A28RLR-G	28	27.6×3	27.6×3	42
A32RLR-G	32	31.6×3	31.6×3	46
A36RLR-G	36	35.61×3	35.61×3	50
A40RLR-G	40	39.6×3	39.6×3	54

● 钢筋滚轧直螺纹接头安装时的最小拧紧扭矩值,见表 5.23。

表 5.23　直螺纹接头安装时的最小拧紧扭矩值

钢筋直径/mm	≤16	18 ~ 20	22 ~ 25	28 ~ 32	36 ~ 40
拧紧扭矩/N·m	100	200	260	320	360

②套筒质量要求:

● 连接套表面无裂纹,螺牙饱满,无其他缺陷。

● 牙形规检查合格,用直螺纹塞规检查其尺寸精度。

● 各种型号和规格的连接套外表面,必须有明显的钢筋级别及规格标记。若连接套为异径的则应在两端分别做出相应的钢筋级别和直径。

● 连接套两端头的孔必须用塑料盖封上,以保持内部洁净,干燥防锈。

③钢筋螺纹加工操作要点:

● 加工钢筋螺纹的丝头、牙形、螺距等必须与连接套牙形、螺距一致,且经配套的量规检验合格。

● 加工钢筋螺纹时,应采用水溶性切削润滑液。当气温低于 0 ℃时,应掺入 15% ~ 20% 亚硝酸钠,不得用机油作润滑液或不加润滑液套丝。

● 应逐个检查钢筋丝头的外观质量并做出操作者标记。

● 经自检合格的钢筋丝头,应对每种规格加工批量随机抽检 10% ,且不少于 10 个。如有一个丝头不合格,即应对该加工批全数检查,不合格丝头应重加工,经再次检验合格方可使用。

● 已检验合格的丝头,应戴上保护帽加以保护,并按规格分类堆放整齐待用。

④安装套筒操作要点:

● 钢筋规格和连接套的规格应一致,钢筋螺纹的型式、螺距、螺纹外径应与连接套匹配。

● 钢筋和连接套的丝扣干净,完好无损。

⑤拧紧接头操作要点:

● 连接钢筋时应对准轴线将钢筋拧入连接套内。

● 接头拼接完成后,应使两个丝头在套筒中央位置互相顶紧,套筒每一端不得有一扣以上的过错整丝扣外露;加长型接头的外露丝扣数不受限制,但应有明显标记,以检查进入套筒的丝头长度是否满足要求。图 5.26 是几种接头的形式。

⑥安装套筒操作要点:

● 检查套筒规格是否与钢筋配套、规格是否一致。

● 检查钢筋及套筒螺纹是否完好。

⑦做标记:连接操作完成的接头应立即做上标记,防止漏拧。

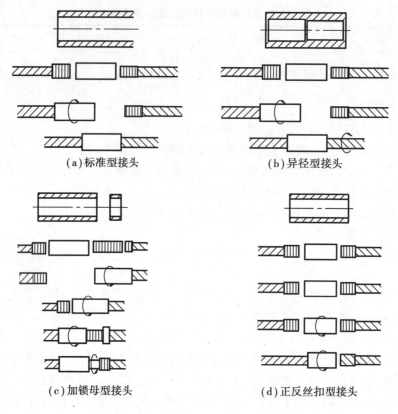

(a)标准型接头   (b)异径型接头

(c)加锁母型接头   (d)正反丝扣型接头

图5.26 钢筋滚轧剥肋直螺纹连接接头

钢筋的机械连接。

5.2.3 安全技术

①未经技术培训的人员不准上岗作业。

②套筒挤压连接操作中,不准硬拉电线或高压胶管;高压油管不准打死弯。

③套筒螺纹连接操作中,必须遵守钢筋套丝及连接钢筋的有关规定。

④作业人员必须遵守施工现场关于用电、高空作业、戴安全帽、系安全带等规定。

活动建议

1.到资料室查阅《钢筋机械连接技术规程》(JGJ 107—2010)。

2.到相关网站查阅有关钢筋机械连接的最新施工工艺和技术。

3.了解自己所在地的建筑工程中,钢筋的机械连接采用了哪些方法。

钢筋焊接与机械连接有哪些区别?

5.3　钢筋连接质量的检查与验收

5.3.1　施工质量验收

按照《混凝土结构工程施工质量验收规范》(GB 50204—2002,2011 版)的规定,钢筋连接应满足主控项目和一般项目的要求。

(1)主控项目检验　见表 5.24。

表 5.24　主控项目检验

序号	项　目	合格质量标准	检验方法	检查数量
1	纵向受力钢筋的连接方式	纵向受力钢筋的连接方式应符合设计要求	观察	全数检查
2	钢筋机械连接和焊接接头的力学性能	在施工现场,应按国家现行标准《钢筋机械连接技术规程》(JGJ 107—2010)和《钢筋焊接及验收规程》(JGJ 18—2012)的规定抽取钢筋机械连接接头、焊接接头试件做力学性能检验,其质量应符合有关规程的规定	检查产品合格证、接头力学性能试验报告	
3	受力钢筋的品种、级别、规格和数量	钢筋安装时,受力钢筋的品种、级别、规格和数量必须符合设计要求	观察、钢尺检查	全数检查

(2)一般项目检验　见表 5.25。

表 5.25　一般项目检验

序号	项　目	合格质量标准	检验方法	检查数量
1	接头位置和数量	钢筋的接头宜设置在受力较小处。同一受力钢筋不宜设置两个或两个以上的接头。接头末端钢筋弯起点的距离不应小于钢筋直径的 10 倍	观察、钢尺检查	全数检查
2	钢筋机械连接、焊接的外观质量	在施工现场,应按国家现行标准《钢筋机械连接技术规程》(JGJ 107—2010)和《钢筋焊接及验收规程》(JGJ 18—2012)的规定抽取钢筋机械连接接头、焊接接头试件做力学性能检验,其质量应符合有关规程的规定	观察	全数检查
3	纵向受力钢筋机械连接接头及焊接接头面积百分率	当受力钢筋采用机械连接接头或焊接接头时,设置在同一构件内的接头宜相互错开。 纵向受力钢筋机械连接接头及焊接接头连接区段的长度为 35d(d 为纵向受力钢筋的较大直径)且不小于 500 mm,凡接头中点位于该连接区段内的接头均属于同一连接区段。同一连接区段内,纵向受力钢筋机械连接及焊接的接头面积百分率为该区段内有接头的纵向受力钢筋截面面积与全部纵向受力钢筋截面面积的比值。 同一连接区段内,纵向受力钢筋的接头面积百分率应符合设计要求;当设计无具体要求时,应符合下列规定: ①在受拉区接头面积百分率不宜大于 50%; ②接头不宜设置在有抗震设防要求的框架梁端、柱端的箍筋加密区;当无法避开时,对等强度高质量机械连接接头,接头面积百分率不应大于 50%; ③直接承受动力荷载的结构构件中,不宜采用焊接接头;当采用机械连接接头时,接头面积百分率不应大于 50%	观察、钢尺检查	在同一检验批内,对梁、柱和独立基础,应抽查构件数量的 10%,且不少于 3 件;对墙和板,应按有代表性的自然间抽查 10%,且不少于 3 间;对大空间结构,墙可按相邻轴线间高度 5 m 左右划分检查面,板可按纵横轴线划分检查面,抽查 10%,且均不少于 3 面
4	纵向受拉钢筋搭接接头面积百分率	同一构件中相邻纵向受力钢筋的绑扎搭接接头宜相互错开。绑扎搭接接头中钢筋的横向净距不应小于钢筋直径,且不应小于 25 mm。 钢筋绑扎搭接接头连接区段的长度为 1.3l_1(l_1 为搭接长度),凡搭接接头中点位于该连接区段内的搭接接头均属于同一连接区段。同一连接区段内,纵向钢筋搭接接头面积百分率为该区段内有搭接接头的纵向受力钢筋截面面积与全部纵向受力钢筋截面面积的比值。 同一连接区段内,纵向受拉钢筋搭接接头面积百分率应符合设计要求;当设计无具体要求时,应符合下列规定: ①对梁类、板类及墙类构件,接头面积百分率不宜大于 25%; ②对柱类构件,接头面积百分率不宜大于 50%; ③当工程中确有必要增大接头面积百分率时,对梁类构件,接头面积百分率不应大于 50%;对其他构件,可根据实际情况放宽。 纵向受力钢筋绑扎搭接接头的最小搭接长度应符合规范的规定	观察、钢尺检查	

5.3.2 钢筋焊接接头的检验与验收

钢筋焊接接头或焊接制品质量验收时,应在施工单位自行质量评定合格的基础上,由监理(建设)单位对检验批有关资料进行核查,组织项目专业质量检查员等进行验收,对焊接接头合格与否做出结论。

在钢筋工程施工现场,焊接接头应按国家现行标准《钢筋焊接及验收规程》(JGJ 18—2012)的规定,对钢筋焊接接头力学性能试验和外观进行检查,并划分为主控项目和一般项目两类。其质量应符合下列规定:

1)外观检查

(1)焊接骨架外观质量检查

①每件制品的焊点脱落、漏焊数量不得超过焊点总数的4%,且相邻焊点不得有漏焊及脱落。

②应测量焊接骨架的长度和宽度,并应抽查纵横方向3~5个网格的尺寸,其允许偏差应符合表5.26规定。当外观检查结果不符合上述要求时,应逐件检查,并剔出不合格品,可提交二次验收。

表5.26 焊接骨架允许偏差表

项 目		允许偏差/mm
焊接骨架	长 度	±10
	宽 度	±5
	高 度	±5
骨架箍筋间距		±10
受力主筋	间 距	±15
	排 距	±5

(2)焊接网形状尺寸检查和外观质量检查

①钢筋焊接网间距的允许偏差应取±10 mm和规定间距的±5%的较大值。网片长度和宽度的允许偏差应取±25 mm和规定长度的±0.5%的较大值;网格数量应符合设计规定。

②钢筋焊接网焊点开焊数量不应超过整张网片交叉点总数的1%,并且任一根钢筋上开焊点不得超过该支钢筋上交叉点总数的一半;焊接网最外边钢筋上的交叉点不得开焊。

③钢筋焊接网表面不应有影响使用的缺陷;当性能符合要求时,允许钢筋表面存在浮锈和因矫直造成的钢筋表面轻微损伤。

(3)闪光对焊接头外观质量检查

①对焊接头表面应呈圆滑、带毛刺状,不得有肉眼可见的裂纹;

②与电极接触处的钢筋表面不得有明显烧伤;

③接头处的弯折角度不得大于2°;

④接头处的轴线偏移不得大于钢筋直径的1/10,且不得大于1 mm。

外观检查结果,当有1个接头不符合要求时,应对全部接头进行检查,剔出不合格接头,切除热影响区后重新焊接。

(4)电弧焊接头外观检查

①焊缝表面应平整,不得有凹陷或焊瘤。

②焊接接头区域不得有肉眼可见的裂纹。

③咬边深度、气孔、夹渣等缺陷允许值及接头尺寸的允许偏差,应符合表5.27的规定。

④坡口焊、熔槽帮条焊和窄间焊接头的焊缝余高应为2~4 mm。

当模拟试件试验结果不符合要求时,应进行复验。

表5.27　钢筋电弧焊接头尺寸偏差及缺陷允许值

名　称		单位	接头形式		
			帮条焊	搭接焊 钢筋与钢板搭接焊	坡口焊、窄间隙焊、 熔槽帮条焊
帮条沿接头中心线的纵向偏移		mm	0.3d	—	—
接头处弯折角		(°)	2	2	2
接头处钢筋轴线的偏移		mm	0.1d	0.1d	0.1d
			1	1	1
焊缝宽度		mm	+0.1d	+0.1d	—
焊缝长度		mm	−0.3d	−0.3d	—
咬边深度		mm	0.5	0.5	0.5
在长2d焊缝表面 上的气孔及夹渣	数量	个	2	2	—
	面积	mm²	6	6	—
在全部焊缝表面上 的气孔及夹渣	数量	个	—	—	2
	面积	mm²	—	—	6

注:d为钢筋直径(mm)。

(5)电渣压力焊接头外观检查

①四周焊包凸出钢筋表面的高度,当钢筋直径为25 mm及以下时,不得小于4 mm;当钢筋直径为28 mm及以上时,不得小于6 mm。

②钢筋与电极接触外,应无烧伤缺陷。

③接头处的弯折角不得大于2°。

④接头处的轴线偏移不得大于1 mm。

(6)气压焊接头外观检查

①偏心量e不得大于钢筋直径的1/10,且不得大于1 mm。当不同直径钢筋焊接时,应按较小钢筋直径计算;当大于上述规定值,但在钢筋直径的30%以下时,可加热矫正;当大于30%时,应切除重焊。

②接头处的弯折角不得大于2°;当大于规定值时,应重新加热矫正。

③接头处表面不得有肉眼可见裂纹。

固态气压焊接头镦粗直径d_c不得小于钢筋直径的 1.4 倍;熔态气压焊接头镦粗直径d,不得小于钢筋直径的 1.2 倍。当小于上述规定值时,应重新加热镦粗。

④镦粗长度L_c不得小于钢筋直径的 1.0 倍,且凸起部分平缓圆滑;当小于此规定值时,应重新加热镦长。

2)钢筋焊接接头力学性能试验

钢筋闪光对焊接头、电弧焊接头、电渣压力焊接头、气压焊接头、箍筋闪光对焊接头、预埋件钢筋 T 形接头的拉伸试验,应从每一检验批接头中随机切取 3 个接头进行试验并应按下列规定对试验结果进行评定:

①符合下列条件之一,应评定该检验批接头拉伸试验合格:

a.3 个试件均断于钢筋母材,呈延性断裂,其抗拉强度大于或等于钢筋母材抗拉强度标准值。

b.2 个试件断于钢筋母材,呈延性断裂,其抗拉强度大于或等于钢筋母材抗拉强度标准值;另一试件断于焊缝,呈脆性断裂,其抗拉强度大于或等于钢筋母材抗拉强度标准值的 1.0 倍。

注:试件断于热影响区,呈延性断裂,应视作与断于钢筋母材等同;试件断于热影响区,呈脆性断裂,应视作与断于焊缝等同。

②符合下列条件之一,应进行复验:

a.2 个试件断于钢筋母材,呈延性断裂,其抗拉强度大于或等于钢筋母材抗拉强度标准值;另一试件断于焊缝,或热影响区,呈脆性断裂,其抗拉强度小于钢筋母材抗拉强度标准值的 1.0 倍。

b.1 个试件断于钢筋母材,呈延性断裂,其抗拉强度大于或等于钢筋母材抗拉强度标准值;另 2 个试件断于焊缝或热影响区,呈脆性断裂。

③3 个试件均断于焊缝,呈脆性断裂,其抗拉强度均大于或等于钢筋母材抗拉强度标准值的 1.0 倍,应进行复验。当 3 个试件中有 1 个试件抗拉强度小于钢筋母材抗拉强度标准值的 1.0 倍,应评定该检验批接头拉伸试验不合格。

④复验时,应切取 6 个试件进行试验。试验结果若有 4 个或 4 个以上试件断于钢筋母材,呈延性断裂,其抗拉强度大于或等于钢筋母材抗拉强度标准值,另 2 个或 2 个以下试件断于焊缝,呈脆性断裂,其抗拉强度大于或等于钢筋母材抗拉强度标准值的 1.0 倍,应评定该检验批接头拉伸试验复验合格。

⑤钢筋闪光对焊接头、气压焊接头进行弯曲试验时,应从每一个检验批接头中随机切取 3 个接头,焊缝应处于弯曲中心点,弯心直径和弯曲角度应符合表 5.28 的规定。

表 5.28　接头弯曲试验指标

钢筋牌号	弯心直径	弯曲角度/(°)
HPB300	2d	90
HRB335、HRBF335	4d	90
HRB400、RRBF400、RRB400W	5d	90
HRB500、HRBF500	7d	90

注:①d 为钢筋直径(mm);
　　②直径大于 25 mm 的钢筋焊接接头,弯心直径应增加 1 倍钢筋直径。

⑥弯曲试验结果应按下列规定进行评定：

a. 当试验结果,弯曲至90°,有2个或3个试件外侧(含焊缝和热影响区)未发生宽度达到0.5 mm的裂纹,应评定该检验批接头弯曲试验合格。

b. 当有2个试件发生宽度达到0.5 mm的裂纹,应进行复验。

c. 当有3个试件发生宽度达到0.5 mm的裂纹,应评定该检验批接头弯曲试验不合格。

d. 复验时,应切取6个试件进行试验。复验结果,当不超过2个试件发生宽度达到0.5 mm的裂纹时,应评定该检验批接头弯曲试验复验合格。

活动建议

1. 到施工现场了解钢筋连接的检验与验收过程。

2. 到学校图书室或书店查阅《钢筋焊接及验收规程》(JGJ 18—2012)中焊接件的检验与验收和试件抽取的内容。

5.3.3 机械连接接头的施工现场检验与验收

在施工现场,接头的施工现场检验与验收应按国家现行标准《钢筋机械连接技术规程》(JGJ 107—2010)的规定,抽取钢筋机械连接接头试件做力学性能检验,其质量应符合下列有关规程的规定：

①工程中应用钢筋机械连接接头时,应由该技术提供单位提交有效的型式检验报告。

②钢筋连接工程开始前及施工过程中,应对不同生产厂的进场钢筋进行接头工艺检验,工艺检验应符合下列要求：

a. 每种规格钢筋的接头试件不应少于3根。

b. 钢筋母材抗拉强度试件不应少于3根,且应取自接头试件的同一根钢筋。

c. 3根接头试件的抗拉强度均应符合表5.29的规定。对于Ⅰ级接头,抗拉强度等于被连接钢筋的实际拉断强度或不小于1.10倍钢筋抗拉强度标准值,残余变形小并具有高延性及反复拉压性能;对于Ⅱ级接头,抗拉强度不小于被连接钢筋抗拉强度标准值,残余变形较小并具有高延性及反复拉压性能;对于Ⅲ级接头,抗拉强度不小于被连接钢筋屈服强度标准值的1.25倍,残余变形较小并具有一定的延性及反复拉压性能。

③现场检验应进行外观质量检查和单向拉伸试验。对接头有特殊要求的结构,应在设计图纸中另行注明相应的检验项目。

④接头的现场检验按验收批进行：同一施工条件下采用同一批材料的同等级、同型式、同规格接头,以500个为一个验收批进行检验与验收,不足500个也作为一个验收批。

⑤对接头的每一验收批,必须在工程结构中随机截取3个接头试件做抗拉强度试验,按设计要求的接头等级进行评定。

a. 当3个接头试件的抗拉强度均符合表5.29中相应等级的要求时,该验收批评为合格。

b. 如有1个试件的强度不符合要求,应再取6个试件进行复检。复检中如仍有1个试件的强度不符合要求,则该验收批评为不合格。

表5.29　接头的抗拉强度

接头等级	Ⅰ级		Ⅱ级	Ⅲ级
抗拉强度	$f^o_{mat} \geq f^o_{stk}$　　断于钢筋 或 $f^o_{mat} \geq 1.10 f^o_{stk}$　断于接头		$f^o_{mat} \geq f^o_{stk}$	$f^o_{mat} \geq 1.25 f_{uk}$

注:f^o_{mat}——接头试件实际抗拉强度;f_{uk}——钢筋抗拉强度;f^o_{stk}——接头试件中钢筋抗拉强度实测值。

现场检验连续10个验收批抽样试件抗拉强度试验1次合格率为100%时,验收批接头数量可以扩大1倍。

外观质量检验的质量要求、抽样数量、检验方法、合格标准以及螺纹接头所必需的最小拧紧力矩值由各类型接头的技术规程确实。

现场截取抽样试件后,原接头位置的钢筋允许采用同等规格的钢筋进行搭接连接,或采用焊接及机械连接方法补接。

对抽检不合格的接头验收批,应由建设方会同设计等有关方面研究后提出处理方案。

活动建议

1.了解《混凝土结构工程施工质量验收规范》(GB 50204—2002,2011年版)中有关钢筋连接的内容。

2.到施工现场了解钢筋连接的质量检验验收批记录表格的填写。

练习作业

钢筋的连接质量是按什么项目进行检验和验收的?

观看录像

钢筋锚固的基本知识。

练习作业

1.在混凝土结构中,钢筋的锚固长度有什么作用?

2.在同一连接区段内,纵向受力钢筋的接头面积百分率是如何规定的?

学习鉴定

1. 是非题（对的画"√"，错的画"×"）

(1)受力钢筋的焊接接头，在构件的受拉区不宜大于50%。 （   ）

(2)2根直径不同的钢筋不宜搭接。 （   ）

(3)连续闪光焊适用于钢筋直径较小，钢筋级别较低的条件下焊接。 （   ）

(4)气压焊适用于现场焊接梁、板、柱的HRB335、HRBF335、HRB400、HRBF400级直径为20~40 mm的钢筋（不同直径钢筋其直径差值不大于7 mm）。 （   ）

(5)搭接焊的适用范围是10~40 mm的HPB300、HRB335、HRBF335级钢筋。 （   ）

(6)钢筋的机械连接中，锥螺纹连接没有改变连接钢筋的截面尺寸。 （   ）

(7)受力钢筋接头位置不宜位于最大弯矩处，并应互相错开。 （   ）

(8)同一受力钢筋不宜设置2个或2个以上的接头。 （   ）

2. 选择题

(1)电渣压力焊的接头焊包应均匀，当钢筋直径为25 mm及以下时凸出钢筋表面的高度应不得小于＿＿mm。

  A. 2 　　　　　　 B. 3 　　　　　　 C. 4 　　　　　　 D. 6

(2)用于电渣压力焊的焊剂使用前，须经恒温烘焙＿＿h。

  A. 3 　　　　　　 B. 24 　　　　　　 C. 1~2 　　　　　　 D. 12

(3)＿＿元素是影响钢筋可焊性的重要元素。

  A. 碳 　　　　　　 B. 锰 　　　　　　 C. 硅 　　　　　　 D. 铁

(4)从事电、气焊作业的电、气焊工人，必须戴电、气焊手套，＿＿和使用护目镜及防护面罩。

  A. 穿工作服 　　　　 B. 戴安全帽 　　　　 C. 穿绝缘鞋 　　　　 D. 专人保护

(5)HRB335级钢筋搭接焊焊条型号是＿＿。

  A. E50×× 　　　　 B. E43×× 　　　　 C. E55×× 　　　　 D. E60××

(6)冬季钢筋焊接时，应在室内进行，如必须在室外进行时，最低气温不宜低于＿＿。

  A. -40 ℃ 　　　　 B. 0 ℃ 　　　　 C. -20 ℃ 　　　　 D. -10 ℃

(7)受力钢筋接头位置，不宜位于＿＿。

  A. 最小弯矩处 　　　 B. 最大弯矩处 　　　 C. 中性轴处 　　　 D. 截面变化处

(8)钢筋气压对焊接头处的弯折，不得大于＿＿。

  A. 10° 　　　　　　 B. 6° 　　　　　　 C. 3° 　　　　　　 D. 2°

(9)现浇钢筋混凝土结构的竖向主筋，宜采用焊接方法接长时，选择＿＿。

  A. 闪光对焊 　　　　 B. 搭接焊 　　　　 C. 坡口立焊 　　　　 D. 电渣压力焊

3. 简答题

(1)闪光对焊工艺有哪几种？各适用于何种条件？

(2)电弧焊接头形式有哪几种？各适用于何种条件？

(3)钢筋的机械连接常用的方法有哪些？各有何优缺点？

(4)钢筋的闪光对焊接头、电弧焊接头、电渣压力焊接头、气压焊接头的拉伸试验结果均应符合哪些要求？

(5)闪光对焊接头外观检查结果应符合哪些要求？

钢筋手工电弧单面焊

1. 训练目的
掌握钢筋手工电弧焊的操作方法、要领和工艺。

2. 训练要求
(1)分组练习,2人一组。
(2)听从指挥,不乱动设备,严防各种事故发生。
(3)穿工作服,戴好防护设施。
(4)清除铁屑应使用工具,不能用手清除或用口去吹。
(5)钢筋及实作物不准乱扔,必须堆放整齐。
(6)实作结束应打扫清洁卫生,同时清理和保养各种工器具,切断电源,然后方可离开。

3. 训练资源
(1)材料:光面圆钢筋(Φ10),螺纹钢筋(Φ18)。
(2)工具及设备:电弧焊机,焊条,钢垫板。

（3）场地：在实训车间内或施工现场。

4.训练注意事项

（1）清理实作场地。

（2）检查电弧焊机运转是否正常，有无漏电等其他异常情况。

（3）检查和清理防护设施（手套、防护镜、面罩等）。

（4）钢筋焊接前的准备。

5.训练程序

基本操作技术：运条过程（引弧→向搭接钢筋送焊条动作→熄弧）→引弧（接触引弧即电焊条垂直对钢筋碰击）→运条（送焊条动作→焊缝纵向运条→横向摆动）→熄弧→清渣→检查。

6.训练时间

4课时。

7.评分（表5.30）

表5.30　钢筋电弧焊评分标准

项　次	标　　　　准		分　数	得　分	备　注
1	能根据钢筋的级别、直径、接头形式和焊接位置,选择焊条、焊接工艺和焊接参数		10		
2	能正确使用焊机(有调试、试运转过程)		5		
3	无安全事故(有一定的焊接安全知识)		20		
4	焊接的工艺、方法、流程正确,操作姿势正确		10		
5	外观检查	焊缝表面平整,不得有凹陷或焊瘤(超过3 mm不得分;1～2 mm得5分;1 mm以下得满分)	10		
		焊接接头区域不得有裂纹(3 mm以上不得分;1～2 mm得5分;1 mm以下得满分)	10		
		咬边、气孔、夹渣(横向咬边深度不大于0.5 mm;在2d焊缝表面上的气孔数不大于2个、夹渣面积不大于6 mm^2)	20		
		清除焊渣	5		
6	工完场清		5		
7	工　效		5		

教学评估

见本书附录或光盘。

6 钢筋的绑扎与安装

本章内容简介

钢筋绑扎的操作工艺

基础、现浇柱、现浇框架梁板等钢筋绑扎的操作程序和要点

构造柱、圈梁、板缝、楼梯等钢筋绑扎的操作程序和要点

钢筋网、钢筋骨架的预制及安装

钢筋安装的质量检验与验收以及安全技术

本章教学目标

熟悉钢筋绑扎的操作方法

能按结构施工图绑扎梁、板、柱、楼梯、雨篷等处的钢筋

能进行钢筋绑扎、安装的质量检验与验收

熟悉钢筋绑扎与安装的质量通病与防治措施

钢筋的绑扎安装即是形成结构构件的钢筋骨架,是钢筋工程施工的最后工序。绑扎安装前应先熟悉图纸,核对成品,钢筋的钢号、直径、形状、尺寸和数量等是否与配料单、料牌相符,研究钢筋安装工序与有关工种之间的配合,确定施工顺序和绑扎安装的安全预防措施,准备好绑扎安装工具和设备。

右图是梁的钢筋骨架,它是怎样形成的?在钢筋工程施工中,钢筋工是怎样把钢筋绑扎成型的?下面,我们就来学习钢筋的绑扎安装工艺。

6.1 钢筋的绑扎安装工艺

钢筋工程的绑扎分为骨架的形成绑扎和钢筋搭接的绑扎。而钢筋骨架的形成,又分为两种:一是预先加工成型,再到模内组合绑扎的方法,现采用较多,本节讲述此方法;二是预先焊接或绑扎,将单根钢筋组合成钢筋网片或钢筋骨架,然后到现场吊装。

6.1.1 钢筋绑扎安装的主要规定

①钢筋安装时,受力钢筋的品种、级别、规格和数量必须符合设计要求。

②钢筋间的交叉点应用铁丝扎牢。

③绑扎安装钢筋的铁丝头应朝内,不能侵入混凝土保护层内。

④板和墙的钢筋网,除靠近外围两行钢筋的相交点全部扎牢外,中间部分交叉点可间隔交错扎牢,但必须保证受力钢筋不产生位置偏移;双向受力的钢筋,必须全部扎牢。

⑤梁和柱的箍筋,除设计有特殊要求外,应与受力钢筋垂直设置,箍筋弯钩叠合处,应沿受力钢筋方向错开设置。

⑥柱中竖直钢筋搭接时,角部钢筋的弯钩平面与模板面的夹角:矩形柱应为45°,多边形柱应为模板内角的平分角,圆形柱钢筋的弯钩平面应与模板的切平面垂直,中间钢筋的弯钩平面应与模板面垂直。当采用插入式振捣器浇筑小型截面柱时,弯钩平面与模板面的夹角不得小于15°。

6.1.2 钢筋绑扎的操作工艺

钢筋绑扎的操作步骤为:准备工作→绑扎→钢筋的检查→混凝土工程施工中钢筋工程的质量保护。

1)绑扎安装前的准备工作

(1)熟悉施工图

①弄清各个编号钢筋形状、标高、细部尺寸、安装部位以及钢筋的相互关系,确定各类结构钢筋正确合理的绑扎顺序。

②审查施工图有无错漏或不明确的地方,如有应及时向有关技术部门反映,并落实解决办法。

(2)核对配料单及料牌 核对配料单及料牌是否正确,并检查已加工好的钢筋的规格、形状、尺寸及数量是否与配料单一致,有无错配或漏配,如有,应及时纠正或增补。

(3)工具及其他材料的准备 应备足扳手、铁丝、小撬棍、马架、画线尺、钢筋保护层垫块等常用工具及施工辅助材料。

(4)确定钢筋施工方法及安装顺序 根据施工组织设计中对钢筋安装时间和进度的要求,研究确定相应的施工方法。例如,哪些部位的钢筋可以预先绑扎好,然后再运到施工现场模内组装;哪些钢筋在现场模内绑扎安装;钢筋成品和半成品的进场时间、进场方法、劳动力组织和安全措施等。

(5)了解现场施工条件 要了解施工现场运输路线是否畅通,材料堆放地点是否安排合理;检查钢筋的锈蚀情况,确定是否除锈和采用哪种除锈方法等。

(6)施工图放样 正式施工图一般仅一两份,一个工程往往有几个不同部位同时进行,所以必须按钢筋安装部位绘出若干样图(施工现场称为放样),样图经校核无误后,才可作为绑扎依据。

(7)钢筋位置放线 为使钢筋绑扎正确,一般先在结构模板上用粉笔按施工图标明的间距画线,作为摆料的依据。

(8)钢筋安装与其他工种的配合 在普通钢筋绑扎安装前,应会同现场施工技术人员及木工,水、电安装工,以及预应力钢筋工等有关工种,共同检查模板尺寸、标高,确定管线、水电设备、预应力钢筋等的预埋和预留工作。

(9)准备好安全劳保用品 因钢筋安装工程手工操作较多,又多为高处作业,因此应准备好劳保用品,如安全帽、手套、安全带等。

2)钢筋绑扎安装操作工艺

(1)常用绑扎工具及材料 钢筋绑扎的常用工具有:

①钢筋扎钩:钢筋扎钩俗称扎丝钩,是用得最多的绑扎工具,其基本形式如图6.1、图6.2所示,常用直径为12~16 mm、长度为160~200 mm的圆钢筋加工而成。根据工程需要,还可以在其尾部加上套筒或小扳口等。

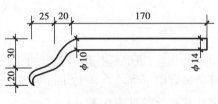

图 6.1 钢筋扎钩制作尺寸

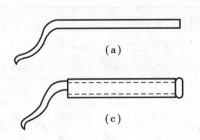

(a)

(c)

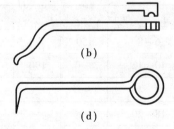

(b)

(d)

图 6.2 常用钢筋扎钩

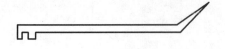

图 6.3　小撬棍

②小撬棍:主要用来调整钢筋间距,矫直钢筋的局部弯曲,设置钢筋保护层垫块等,其形式如图6.3所示。

③起拱扳子:板的弯起钢筋需现场弯曲成型时,可以在弯起钢筋与分布钢筋绑扎成网片以后,再用起拱扳子将钢筋弯曲成型。起拱扳子的形状和操作方法如图6.4所示。

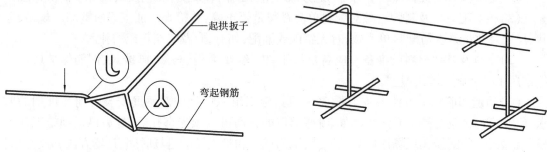

图 6.4　起拱扳子　　　　　　　图 6.5　轻型骨架绑扎架

④绑扎架:根据绑扎骨架的轻重、形状,可选用如图6.5~图6.7所示的相应形式绑扎架。其中如图6.5所示为轻型骨架绑扎架,适用于绑扎过梁、空心板、槽形板等钢筋骨架;如图6.6所示为重型骨架绑扎架,适用于绑扎重型钢筋骨架;如图6.7所示为坡式骨架绑扎架,具有重量轻、用钢量省、施工方便(扎好的钢筋骨架可以沿绑扎架的斜坡下滑)等优点,适用于绑扎各种钢筋骨架。

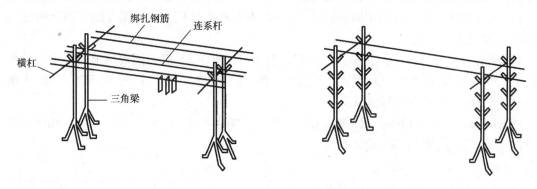

图 6.6　重型骨架绑扎架

⑤扎丝:钢筋绑扎用的扎丝可采用20~22号铁丝(火烧丝)或镀锌铁丝(铅丝)。其中22号铁丝宜用于绑扎直径12 mm以下的钢筋;20号铁丝宜用于绑扎直径12~25 mm钢筋。钢筋绑扎铁丝长度见表6.1。

表6.1　钢筋绑扎铁丝长度参考表　　　　　　　　　单位:mm

钢筋直径/mm	6~8	10~12	14~16	18~20	22	25	28	32
6~8	150	170	190	220	250	270	290	320
10~12	—	190	220	250	270	290	310	340
14~16	—	—	250	270	290	310	330	360
18~20	—	—	—	290	310	330	350	380
22	—	—	—	—	330	350	370	400

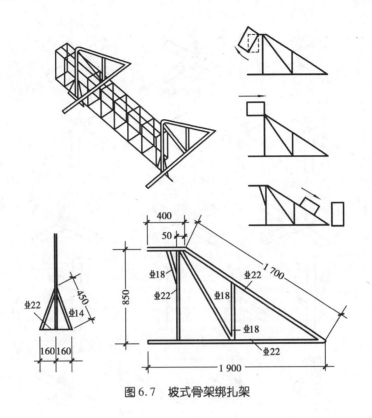

图 6.7 坡式骨架绑扎架

常用的绑扎工具和材料。

(2)绑扎的操作方法

①一面顺扣操作法:这是最常用的方法,具体操作如图 6.8 所示。绑扎时先将铁丝扣穿套钢筋交叉点,接着用钢筋钩钩住铁丝弯成圆圈的一端,旋转钢筋钩,一般旋转 1.5 ~ 2.5 圈即可。这种方法操作简便,绑点牢靠,适用于钢筋网、架各个部位的绑扎。

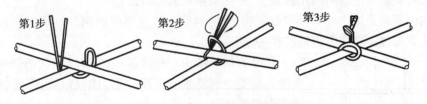

图 6.8 钢筋一面顺扣操作法

②其他操作法:钢筋绑扎除一面顺扣操作法之外,还有十字花扣、反十字花扣、兜扣、缠扣、兜扣加缠、套扣等,这些方法主要根据绑扎部位的实际需要进行选择,其形式如图 6.9 所示。十字花扣、兜扣适用于平板钢筋网和箍筋处绑扎;缠扣主要用于剪力墙钢筋和柱子箍筋的绑扎;反十字花扣、兜扣加缠适用于梁骨架的箍筋与主筋的绑扎;套扣用于梁的架立钢筋和箍筋的绑口处。

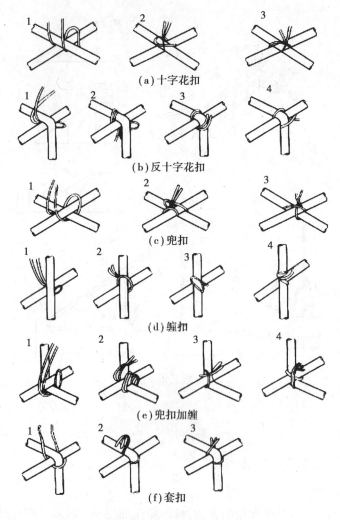

（a）十字花扣

（b）反十字花扣

（c）兜扣

（d）缠扣

（e）兜扣加缠

（f）套扣

图6.9　钢筋的其他绑扎方法

（3）钢筋绑扎的操作要点

①画线时应画出主筋的间距及数量，并标明箍筋的加密位置。

②板内钢筋应先排主筋后排构造钢筋；梁的钢筋一般先摆纵向钢筋然后摆横向钢筋。摆钢筋时应注意按规定将受力钢筋的接头错开。

③受力钢筋接头在连接区段（35d，且不小于500 mm）内，有接头的受力钢筋截面面积占受力钢筋总截面面积的百分率应符合规范规定。

④箍筋的转角与其他钢筋的交叉点均应绑扎，但箍筋的平直部分与钢筋的交叉点可呈梅花式交错绑扎。箍筋的弯钩叠合处应错开，交错绑扎在不同的钢筋上。

⑤绑扎钢筋网片（图6.10）采用一面顺扣绑扎法，在相邻两个绑点应呈八字形，不要互相平行以防骨架歪斜变形。

⑥预制钢筋骨架绑扎时要注意保持外形尺寸正确，避免入

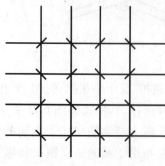

图6.10　绑扎钢筋网片

模安装困难。

⑦在保证质量、提高工效、减轻劳动强度的原则下,研究加工方案。方案应分清预制部分和模内绑扎部分,以及两者相互的衔接,避免后续工序施工困难,甚至造成返工浪费。

钢筋绑扎的基本操作方法及要求。

3)钢筋检查

钢筋绑扎安装完毕,应按以下内容进行检查:

①对照设计图纸检查钢筋的钢号、直径、根数、间距、位置是否正确,应特别注意各种构造筋、分布筋的位置。

②检查钢筋的接头位置和搭接长度是否符合规定。

③检查混凝土保护层的厚度是否符合规定。

④检查钢筋是否绑扎牢固,有无松动变形现象。

⑤钢筋表面不允许有油渍、漆污和片状铁锈。

⑥安装钢筋的允许偏差,不得大于规范的要求。

4)混凝土浇筑过程中钢筋工程的质量保护

①在混凝土浇筑过程中,混凝土的运输一般都有独立的通道。运输混凝土难免损坏成品钢筋骨架,因此应在混凝土浇筑时派钢筋工现场值班,及时修整移位的钢筋或松动的绑扎点。

②钢筋工应在混凝土再次浇筑前,认真调整混凝土施工缝部位的钢筋。

活动建议

4人一小组,练习钢筋绑扎的各种操作方法。

练习作业

1.钢筋绑扎安装前有哪些准备工作?

2.钢筋绑扎的操作要点是什么?

6.1.3 钢筋的现场模内绑扎

1)基础钢筋的绑扎

（1）地下室底板钢筋的绑扎 现浇钢筋混凝土地下室结构,通常由地下室墙体和基础底板组成。

①绑扎操作顺序:清理垫层→画线→摆下层钢筋→绑扎下层钢筋→摆放钢筋撑脚→绑扎上层钢筋→绑扎墙、柱预留插筋→安放垫块。

②操作要点:

• 底板如有基础梁,可分段绑扎成型再安装就位,或根据梁位弹线就地绑扎成型。

• 绑扎钢筋时,靠近外围两行钢筋的相交点应全部绑扎;中间部位的相交点可以间隔交错扎牢,但应保证受力钢筋不产生位移;双向受力的钢筋不得跳扣绑扎。

• 下层钢筋绑扎完毕后,每隔 1 m 安放钢筋撑脚或焊制的专用马凳。钢筋撑脚的形式及尺寸如图 6.11 所示。钢筋撑脚的直径:当板厚 $h \leqslant 300$ mm 时为 8 ~ 10 mm;300 mm $< h \leqslant$ 500 mm时为 12 ~ 14 mm;$h > 500$ mm 时为 16 ~ 18 mm。

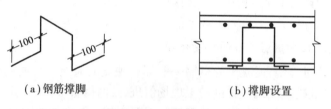

（a）钢筋撑脚　　　　　　　　　　（b）撑脚设置

图 6.11 钢筋撑脚

• 钢筋撑脚摆好后,在定位钢筋上画分档标志,然后穿放纵横钢筋,绑扎方法同下层钢筋。

• 上下层的钢筋接头应按规范规定错开,其位置和搭接长度应符合受拉钢筋绑扎接头的搭接长度表的设计要求。

• 墙、柱的主筋应根据放线时弹好的位置安放并绑扎牢固,其插入基础的深度、位置应符合设计要求,并可附加钢筋,用电焊焊牢,确保墙、柱主筋位置正确。

• 钢筋绑扎后应及时垫好垫块。垫块厚度等于保护层厚度,距离为 1 m 左右,呈梅花状摆放。如基础较厚或用钢量大,距离可缩小。

（2）地下室墙筋的绑扎

①操作顺序:底板放线→校正预埋插筋→绑扎定位竖筋及横筋→绑扎其他竖筋及横筋→安放附加钢筋及预埋件→安放垫块。

②操作要点:

• 底板放线后,应校正竖向预埋插筋,问题多而重要的插筋应与设计单位共同商定。墙模板宜跳间支模,以利于钢筋施工。

• 绑筋时先绑 2~4 根竖筋,并在其上面画横筋分档标志,然后在下部及中部绑 2 根横筋定位,并画竖筋的分档标志,按标志绑扎其他竖筋,最后按标志绑扎其余横筋。横竖筋的间距和位置应符合设计规定。

• 墙筋若为双排时,中间应加撑铁固定钢筋的间距。撑铁直径为 6 ~ 10 mm,长度等于 2

层钢筋网片间的净距,间距约为1 m,相互错开排列,如图6.12所示。

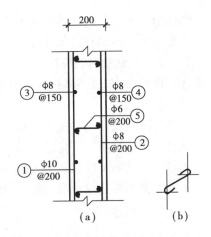

● 绑扎门洞口的附加筋时,应严格控制洞口标高,门洞上下梁两端锚入墙内的长度应符合设计要求。

● 各节点的抗震构造钢筋应按设计要求绑扎,其位置及锚固长度应仔细核对。

● 各种预埋件的位置、标高应符合设计要求,并固定牢靠,以免浇筑混凝土时发生移位。

● 在墙筋外侧应绑上带铁丝的塑料保护卡环,以保证保护层的厚度。

图6.12 墙钢筋的撑铁

(3)独立柱基础钢筋的绑扎

①操作顺序:与地下室底板钢筋的绑扎顺序基本相同。

②操作要点:

● 独立柱基础钢筋网片的绑扎要点与地下室底板钢筋网片的绑扎基本相同。

● 独立柱基础钢筋为双层双向钢筋,其底面短边的钢筋应放在长边钢筋的上面。

● 上层钢筋的弯钩应朝下,下层钢筋弯钩应朝上,且不能倒向一边。

● 独立柱基础为与柱中钢筋连接,基础内应预埋插筋,如图6.13所示的③号钢筋。

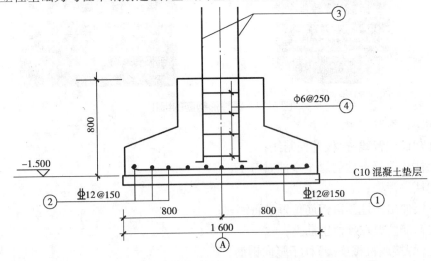

图6.13 现浇独立柱基础

● 插筋下端用90°弯钩与基础钢筋绑扎,校核无误后,用井字形木架将插筋固定在基础的外模板上。

● 在基础浇筑混凝土时,应随时注意插筋的位置,防止插筋位移或上端发生歪斜。

● 插筋与柱钢筋连接处的箍筋尺寸应比柱的箍筋缩小一个柱钢筋的直径,以便连接。

(4)杯形基础钢筋的绑扎

①绑扎杯形基础钢筋前,首先要了解基础的轴线,有时基础轴线不一定是基础的中心线,所以在钢筋画线时,应按照钢筋的间距从中点向两边分,把线画在基础垫层上。

②杯形基础钢筋网片的绑扎方法与独立柱基础钢筋的绑扎方法相同。

③垫层上应画出杯口尺寸线,以控制杯底钢筋标高及杯口周围钢筋的位置。

(5)条形基础钢筋的绑扎

①操作程序:垫层→绑扎底板网片→绑扎条形骨架→安放垫块。

②操作要点:

• 绑扎时一般先用绑扎架架起上下纵筋和弯起钢筋。

• 套入全部箍筋,从绑扎架上放下下层纵筋,移动箍筋按画线标志正确就位。

• 将上下纵筋及弯起钢筋按画线均匀排列好,绑扎牢固。

• 条形钢筋绑扎成型后,抽出绑扎架,把骨架放在底板网片上绑扎成整体。

2)现浇柱钢筋的绑扎

图6.14为绑扎好的圆柱形钢筋图。

图 6.14　圆柱形钢筋的绑扎

(1)操作顺序

①弹柱截面位置线、模板外控制线;

②剔除柱顶混凝土软弱层至全部露石子;

③清理柱筋污染;

④对下层伸出的柱预留钢筋位置进行调整;

⑤将柱箍筋叠放在预留钢筋上;

⑥绑扎(焊接或机械连接)柱子竖向钢筋;

⑦确定起步箍筋、最上一组箍筋及柱箍筋加密区上下分界箍筋及位置;

⑧确定钢筋绑扎搭接及上下分界箍筋区段位置;

⑨确定每一区段箍筋数量;

⑩在柱顶绑扎定距框;

⑪绑扎起步箍筋及分界箍筋;

⑫分区段从上到下将箍筋与柱子竖向钢筋绑扎。

(2)操作要点

①套柱箍筋:按图纸要求间距,计算好每根柱子箍筋数量(注意抗震加密和绑扎接头加

密),先将箍筋套在下层伸出的搭接钢筋上,然后绑扎柱钢筋。柱纵筋在搭接长度内,绑扣不少于 3 个,绑扣朝向柱中心。

②画箍筋间距线:在柱竖向钢筋上,按图纸要求用粉笔画箍筋间距线(或使用皮数杆控制箍筋间距),并注意标识出起步箍筋、最上一组箍筋及抗震加密区分界箍筋,搭接区分界箍筋位置,机械连接时应尽量避开连接套筒。

③柱箍筋绑扎节点

按已画好的箍筋位置线,将已套好的箍筋往上移动,由上而下绑扎,宜采用箍扣绑扎。详见图 6.15 和图 6.16。

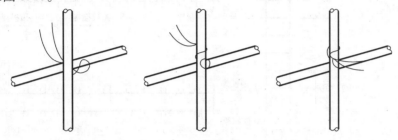

图 6.15　柱箍筋缠扣绑扎

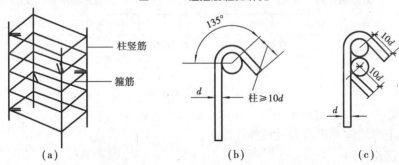

图 6.16　柱箍筋交错布置与要求示意图

箍筋与主筋垂直且密贴,箍筋转角处与主筋交点均要绑扎,主筋与箍筋非转角部分的相交点成梅花交错绑扎。

箍筋的弯钩处宜沿柱纵筋顺时针或逆时针方向顺序排布,并绑扎牢固。

柱纵向钢筋、复合箍筋排布应遵循对称均匀原则,箍筋转角处应与纵向钢筋绑扎。

柱复合箍筋应采用截面周边外封闭大箍筋加内封闭小箍筋的组合方式(大箍套小箍),内部复合箍筋的相邻两肢形成一个内封闭小箍,当复合箍筋的肢数为单数时,设一个单肢箍。沿外封闭箍筋周边箍筋局部重叠不宜多于两层。

若在同一组内复合箍筋各肢位置不能满足对称性要求,钢筋绑扎时,沿柱竖向相邻两组箍筋位置应交错对称排布。

柱内部复合箍筋采用拉筋时,拉筋需同时勾住纵向钢筋和外封闭箍筋。

3)剪力墙钢筋的绑扎

剪力墙工艺流程和施工要点如下,如图 6.17、图 6.18、图 6.19 所示。

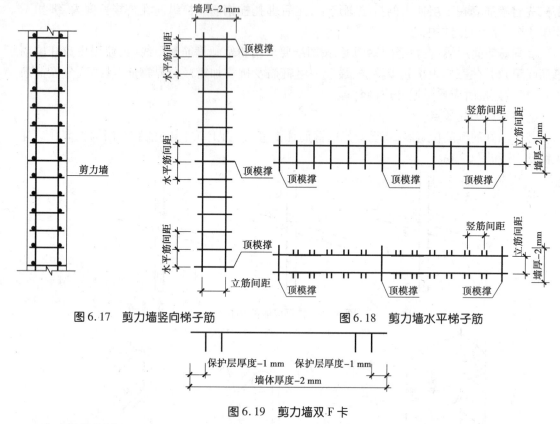

图 6.17　剪力墙竖向梯子筋　　　　图 6.18　剪力墙水平梯子筋

图 6.19　剪力墙双 F 卡

（1）操作顺序

①在顶板上弹墙体外皮线和模板外控制线；

②调正纵向钢筋位置；

③接长竖向钢筋并检查接头质量；

④绑竖向和水平梯子筋；

⑤绑扎暗柱及门窗过梁钢筋；

⑥绑墙体水平钢筋；

⑦设置拉钩和垫块。

（2）操作要点

①弹墙体外皮线、模外控制线，清理受污甩槎钢筋。根据保护层厚度，按 1∶6 校正甩槎立筋，如有较大位移时，应与设计方协商处理。

②接长竖向钢筋，对钢筋进行预检，先安装预制的竖向和水平梯子筋（梯子筋如代替竖向钢筋，应大于墙体竖向钢筋一个规格，梯子筋中控制墙厚度的横档钢筋的长度比墙厚小 2 mm，端头用无齿锯锯平后刷防锈漆），并注意吊垂直；再绑扎暗柱和门过梁钢筋，一道墙一般设置 2～3 个竖向梯子筋为宜；然后绑扎墙体水平钢筋。

③剪力墙第一根竖向分布钢筋在距离暗柱边缘一个竖向分布筋间距处开始布置。第一根水平分布钢筋在距离地面（基础顶面）50 mm 处开始布置（当与边缘构件或边框柱中箍筋位置冲突时，可置于箍筋上方）。

④墙钢筋为双向受力钢筋,用顺扣绑扎墙体钢筋,各点交错绑扎,绑扎墙上所有交叉点,其锚固长度、搭接长度及错开要求应符合设计要求。

⑤剪力墙转角部位,当水平分布筋连续通过,并在暗柱外侧搭接时,如两侧墙体水平分布筋规格不同,应将大规格钢筋转过暗柱,在小规格钢筋一侧搭接。

⑥绑扎双排钢筋之间的拉筋,拉筋规格、间距应符合设计要求。层高范围内由下层板面以上第二根水平筋开始设置,至顶部板底向下第一排水平筋处终止;墙身宽度范围内由距边缘构件边第一排竖向分布筋处开始设置。位于边缘构件范围内的水平分布筋也应设置拉筋,此范围拉筋间距不大于墙身拉筋间距。

⑦墙身拉筋应同时勾住竖向分布筋与水平分布筋。当墙身分布筋多于两排时,拉筋应与墙身内部的每排竖向和水平分布筋同时绑扎牢固。绑扎拉钩时,应先采用工具式卡具卡住后再弯,以保证钢筋排距不变。

⑧在墙筋外侧绑扎水泥砂浆垫块(带有铅丝或穿丝孔)或塑料卡,保证保护层厚度。垫块安装间距应不大于 1 000 mm,呈梅花形布置。

⑨在洞口竖筋上画出标高线,按设计要求绑扎连梁钢筋,连梁箍筋及暗柱箍筋采用缠扣绑扎。锚入墙内长度符合设计要求,第一根过梁箍筋距暗柱边 50 mm,顶层时过梁入支座全部锚固长度范围内均要加设箍筋,间距为 150 mm。

⑩当设计未注写时,连梁部位墙体水平筋应连续通过,连梁箍筋按设计布置,拉筋间距为 2 倍箍筋间距(隔一拉一),竖向间距为 2 倍水平筋间距(隔一拉一)。

观察思考

剪力墙中钢筋头或绑扎线能否露出墙面?如果露出墙面,则施工完毕后会产生什么现象?

4)现浇框架梁绑扎

在多层轻工业厂房及民用建筑现浇框架结构中,需进行柱以外的梁、板等构件钢筋的绑扎。图 6.20 是梁绑扎完毕后的钢筋图。

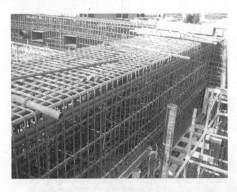

图 6.20 梁的钢筋骨架

（1）梁钢筋的绑扎方法

①模外绑扎法：画箍筋间距→在主次梁模板上口铺横杆数根→在横杆上面放箍筋→穿主梁下层纵筋→穿次梁下层钢筋→穿主梁上层钢筋→按箍筋间距绑扎→穿次梁上层纵筋→按箍筋间距绑扎→抽出横杆落骨架于模板内。

②模内绑扎法：画主次梁箍筋间距→放主梁次梁箍筋→穿主梁底层纵筋及弯起筋→穿次梁底层纵筋并与箍筋固定→穿主梁上层纵向架立筋→按箍筋间距绑扎→穿次梁上层纵向钢筋→按箍筋间距绑扎。

（2）模内绑扎程序　模板上画箍筋位置线→放置箍筋→摆主梁吊筋和主筋→穿次梁吊筋和主筋→放主梁架立筋、次梁架立筋→绑扎。

（3）操作要点

①模板上画箍筋位置线：根据施工图要求，按钢筋间距分别在主梁、次梁的底模板上画出箍筋的间距线。

②放置箍筋：按所画标志将箍筋逐个移动到位。

③摆主梁吊筋和主筋：按预定的绑扎方案摆放主梁吊筋和主筋。

④穿次梁吊筋和主筋：次梁吊筋和主筋与主梁钢筋配合穿放。

⑤放主梁架立筋和次梁架立筋。

⑥绑扎：绑扎梁上部纵向筋的箍筋，宜用套扣法绑扎，如图 6.21 所示，其①②③为绑扎步骤。在绑扎时，先隔一定间距将下层吊筋铁与箍筋绑牢，然后绑架立筋，再绑主筋。箍筋弯钩的叠合处应在梁中交错绑扎在不同架立筋上，注意弓铁、副钢筋位置要准确，梁筋位置落正，并与柱子主筋绑扎牢固。

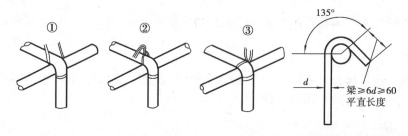

图 6.21　梁钢筋套扣法绑扎

梁主筋有双排钢筋时，为保证 2 层钢筋之间的净距，可用直径为 25 mm 的短筋棍垫在 2 层钢筋之间。梁筋的三面垫好 25 mm 厚的垫块。钢筋间距如图 6.22 所示。

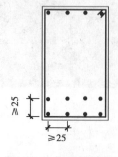

图 6.22　钢筋间距图

图 6.23　现浇楼板的钢筋图

梁的受拉钢筋直径等于或大于 25 mm 时,不宜采用绑扎接头;小于 25 mm 时,可采用绑扎接头。接头的搭接长度应符合受拉钢筋绑扎接头的搭接长度规定;搭接位置应避开最大弯矩处,接头应相互错开,并符合受拉焊接骨架和焊接网绑扎接头的搭接长度要求。

图 6.23 是现浇楼板的钢筋图。

5)板钢筋的绑扎

(1)操作程序　在模板上画主筋、分布筋线→摆放板下层主筋、分布筋→绑扎楼板下层的受力筋和分布筋→安放电线管→摆放,绑扎楼板上层钢筋等。

(2)操作要点

①清理模板上的杂物(可采用空压机送风吹去尘土、木屑等),用粉笔在模板上画好主筋、分布钢筋间距。

②按画好的间距,先摆放受力钢筋,后放置分布钢筋,预埋件、电线管、预留孔等应及时配合安装。

③绑扎楼板钢筋时,一般用顺扣或八字扣绑扎,如图 6.24 所示。除外围两排钢筋的相交点全部绑扎外,中间部位的相交点可交错呈梅花状绑扎。双层配筋时,中间应加支撑铁,以保证有效高度。

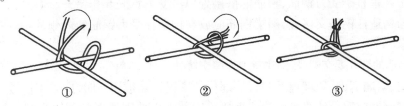

① ② ③

图 6.24　楼板钢筋绑扎

④分布筋的每个相交点都要绑扎。

⑤楼板钢筋的搭接,应符合受拉钢筋绑扎接头的搭接长度、受拉焊接骨架和焊接网绑扎接头的搭接长度的要求。

⑥最后垫好垫块,楼板保护层厚度一般为 10 mm,当板厚大于 100 mm,保护层厚应为15 mm。

6)构造柱、圈梁、板缝钢筋的绑扎

在砌体结构及外板内模、外砖内模结构中,都需要进行构造柱、圈梁、板缝钢筋的绑扎。

(1)构造柱钢筋的绑扎

①操作程序:套箍筋→绑主筋→绑箍筋。

②操作要点:

● 先调正由基础或楼面伸出的搭接筋,再将每层的所有箍筋套在伸出的搭接筋上。

● 绑主筋,并在其上画出箍筋间距,逐个绑扎,绑扎时应注意将箍筋的弯钩叠合处沿受力钢筋错开。根据抗震的构造要求,箍筋端头平直段长度不小于 $10d$,弯钩角度不小于 $135°$。为防止骨架变形,宜采用反十字扣或套扣绑扎。

● 为了保证构造柱与圈梁、墙体连接在一起,构造柱的钢筋必须与圈梁钢筋绑扎连接在一起,并且在柱脚、柱顶与圈梁交汇处按规范要求适当加密柱的箍筋。

● 为了固定柱筋骨架,在墙体砌筑马牙槎时,应沿墙高每 500 mm 设 2 根 φ6 的水平拉结筋,该筋埋入墙体的长度不小于 1 000 mm,拉结筋应与构造柱钢筋绑扎连接在一起,如图6.25所示。

常见钢筋混凝土构件钢筋的绑扎。

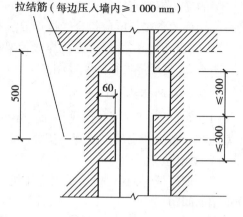

图6.25 构造柱拉结筋

(2)圈梁钢筋的绑扎

①操作顺序:圈梁钢筋的绑扎方法分为预制和现场模内绑扎两种。

• 如果采用预制方法,可以在圈梁模板支设完毕后,将预制好的钢筋骨架按编号吊装就位进行组装,并与构造柱的钢筋搭接绑扎。

• 如果采用模内绑扎的方法,其操作顺序为:支模→摆主筋→穿箍筋→绑箍筋→修整并加垫块。

②模内绑扎操作要点:先立圈梁侧模,并在侧模上按设计要求画好箍筋的位置线。然后摆主筋、穿箍筋,将箍筋按线放好,逐个绑扎,此时应注意以下事项:

• 箍筋必须垂直于受力钢筋,箍筋的搭接处应沿受力钢筋互相错开。

• 圈梁与构造柱钢筋交接处,圈梁钢筋应放在构造柱受力钢筋的内侧,锚入柱内的长度应符合设计要求。

• 圈梁钢筋的绑扎要交圈,特别注意内外墙交接处、大角转角处的锚固长度要符合设计要求。

• 楼梯间、附墙烟囱、垃圾道及洞口等部位的圈梁钢筋被切断时,应采用搭接补强办法,标高不同的圈梁钢筋应按设计要求搭接或连接。安装在山墙圈梁上的预应力圆孔板,其外露钢筋要锚入圈梁内。

• 圈梁钢筋绑扎完以后,应对钢筋进行修整,并按要求加垫块。

(3)板缝内钢筋的绑扎

①楼板吊装、支模完毕后随即绑扎板缝内钢筋。绑扎前应清理板缝内的杂物,并将预制板端头的锚固筋弯成45°,互相交叉,在交叉点的上边绑一根通长的连接钢筋,每隔500 mm绑扎一扣,并按要求垫好垫块,如图6.26所示。

②长向板在中间支座上钢筋连接构造如图6.27所示。

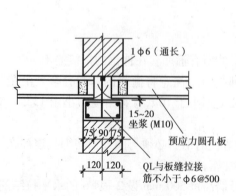

图6.26 板缝钢筋绑扎

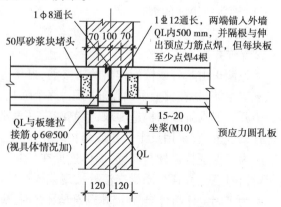

图6.27 板中间支座上钢筋连接构造

③墙两边高低不同时的钢筋构造,如图 6.28 所示。

④预制板纵向缝钢筋绑扎,如图 6.29 所示。

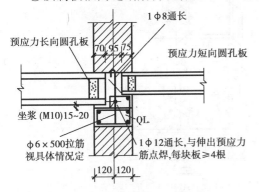

图 6.28　高低墙钢筋构造

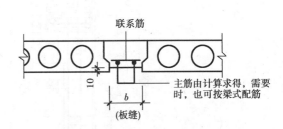

图 6.29　预制板纵向缝钢筋绑扎构造

构造柱、圈梁、板缝钢筋的绑扎接头的最小搭接长度和搭接范围内接头截面面积占钢筋总截面面积的允许百分率,应符合规范规定。

7)牛腿柱钢筋骨架的绑扎

(1)操作程序　绑扎下柱钢筋→绑扎牛腿钢筋→绑扎上柱钢筋。

(2)操作要点

①在搭接长度内,绑扣要向柱内,便于箍筋向上移动。

②柱子主筋若有弯钩,弯钩应朝向柱心。

③绑扎接头的搭接长度,应符合设计要求和规范规定。

④牛腿部位的⑨号(图 6.30)箍筋,应按变截面计算加工尺寸。

⑤结构为多层时,下层柱的钢筋露出楼面部分,宜用工具式柱箍将其收进一个柱主筋直径,以便上下层钢筋的连接。

⑥牛腿钢筋应放在柱的纵向钢筋内侧,如图 6.30 所示。

8)现浇悬挑雨篷钢筋绑扎

雨篷板为悬挑式构件,为防止板的倾覆,雨篷板与雨篷梁必须一次整浇。雨篷板的上部受拉,下部受压,其受力筋配置在构件断面的上部,并将受力钢筋伸进雨篷梁内,如图 6.31 所示。

操作要点:

①主、负筋位置应摆放正确,不可放错。

②雨篷梁与板的钢筋应保证锚固尺寸。

③雨篷钢筋骨架在模内绑扎时,不准踩在钢筋骨架上进行绑扎。

④钢筋的弯钩应全部向内。

⑤雨篷板双向钢筋交叉点均应绑扎,铁丝方向呈八字形。

⑥应垫放足够数量的马凳,确保钢筋位置的准确。

⑦高空作业应注意安全施工。

9)楼梯钢筋绑扎

楼梯钢筋骨架采用模内安装绑扎,即现场绑扎。如图 6.32 所示为现浇钢筋混凝土楼梯的配筋图。

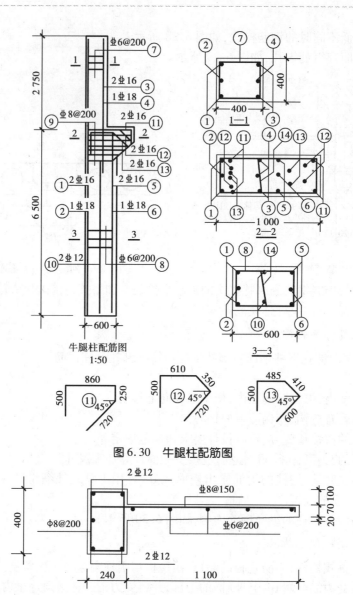

图 6.30 牛腿柱配筋图

图 6.31 雨篷配筋图

（1）操作程序 模板上画线→钢筋入模→绑扎受力钢筋和分布筋→检查→成品保护。

（2）操作要点

①钢筋的弯钩应全部向内。

②钢筋的间距及弯起位置,应画在模板上。

③不准踩在钢筋骨架上进行绑扎。

④需检查模板及支撑是否牢固。

10）梁柱节点钢筋的配制与绑扎

梁柱节点钢筋的绑扎如图6.33所示。

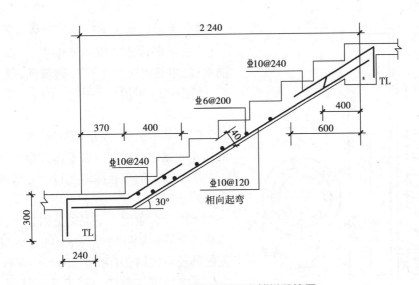

图 6.32　现浇钢筋混凝土楼梯配筋图

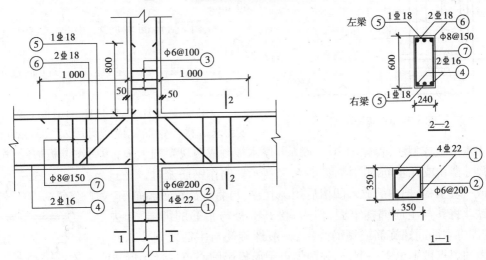

图 6.33　梁柱节点

（1）操作程序　支设模板→立下柱钢筋→绑扎下柱箍筋→上下柱钢筋并绑扎→绑扎上柱箍筋→从柱主筋内侧穿梁的上部钢筋和弯起钢筋→套梁箍筋→穿入梁底部钢筋→绑扎牢固→检查。

（2）操作要点

①柱的纵向钢筋弯钩应朝向柱心。

②箍筋的接头应交错布置在柱四角的纵向钢筋上。

③箍筋转角与纵向钢筋交叉点均应绑扎牢固。

④梁的钢筋应放在柱的纵向钢筋内侧。

⑤柱梁箍筋按弯钩叠合处错开。

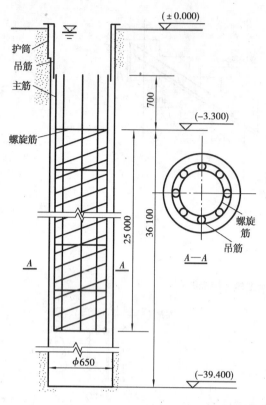

图 6.34 桩身配筋图

11）钢筋混凝土灌注桩的钢筋笼制作

（1）配筋构造 钢筋笼由主筋、箍筋和螺旋筋组成，主筋高出最上面一道箍筋，以便锚入承台，如图 6.34 所示。

（2）要求

①钢筋的品种、规格、直径应符合设计要求；钢筋笼的制作偏差应符合规范规定。

②钢筋笼的直径除应按设计要求外，还应符合下列规定：

● 用导管灌注水下混凝土的桩，其钢筋笼内径应比导管连接处的外径大 100 mm 以上；钢筋笼的外径应比钻孔直径小 100 mm 左右。

● 沉管灌注桩的外径应比钢管内径小60～80 mm。

● 分段制作的钢筋笼，其长度应小于10 m 为宜。

（3）成型工艺 制作钢筋圈（箍筋）→焊接→成型。

在钢筋圈制作台上制作钢筋圈（箍筋），并按要求焊接。钢筋笼成型可用如下 3 种方法：

①木卡板成型法：首先用 20～30 mm 厚木板制成两块半圆卡板，然后在卡板边缘，按主筋间距尺寸凿出支托主筋的凹槽，如图 6.35所示。制作钢筋笼时，每隔3 m 左右放一块卡板；把主筋放入凹槽后用绳扎住，再将螺旋筋或箍筋套入，并用铁丝将其与主筋绑扎牢固，然后，松开卡板与主筋的绑绳，卸去卡板；随即将主筋同螺旋筋或箍筋焊牢，一般螺旋筋与主筋之间要求每一螺距内的焊点数不少于一个，相邻两焊点平面投影圆心角尽量接近 90°，以保证钢筋笼的刚度。

图6.35 卡板法

②架板成型法：支架须分为固定架和活动架两部分，上、下两个半圆支架连在一起构成一个圆形钢筋支架，如图 6.36所示。按钢筋笼长度，每隔 2 m 设置一个支架，各支架应互相平行，圆心位于同一水平线上。

制作钢筋笼时，把立筋逐根放入凹槽，然后将箍筋按设计位置放于骨架主筋的外围，与主筋点焊连接后，将活动支架和固定支架的连接螺栓拆除，从钢筋中抽出活动支架，即可取下整个钢筋笼，然后再绕焊螺旋筋。

③钢管支架成型法：如图 6.37 所示，其操作步骤如下：

● 根据箍筋间隔和位置，将钢筋支架和平杆放正、放平、放稳，并在每个箍筋上标出与主筋的焊接位置。

● 按设计间距在平杆上放置 2 根主筋。

● 按设计间距绑焊箍筋，并注意与主筋垂直。

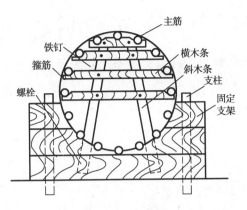

图 6.36　木支架

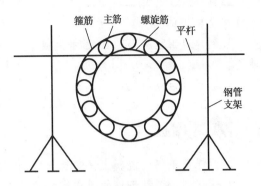

图 6.37　钢管支架成型法

● 按箍筋上的标记点焊固定其余主筋。

● 按规定螺距套入螺旋筋,绑焊牢固。

(4)钢筋笼的保护层　钢筋笼的保护层厚度以设计为准,设计未做规定时,可定为50～70 mm。施工中下放钢筋笼使其四周保护层厚度均匀一致,钢筋笼保护层厚度的设置方法有:

①绑扎混凝土预制块,块内应埋设绑扎铁丝,如图6.38所示。

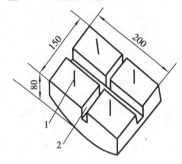

图 6.38　混凝土预制垫块

②焊接钢筋混凝土预制垫块,如图6.39所示。即在混凝土预制块中埋设1根直径为6～8 mm的钢筋,以使其能焊在主筋或箍筋上。

③焊接钢筋"耳朵",如图6.40所示。钢筋"耳朵"用直径小于10 mm的钢筋弯制而成,长度不小于150 mm,高度不小于80 mm,焊接在钢筋笼主筋外侧。

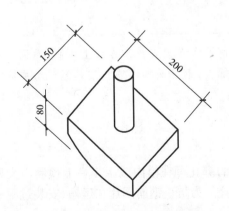

图 6.39　有预埋筋混凝土预制垫块

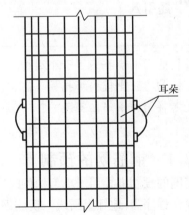

图 6.40　钢筋"耳朵"

活动建议

1.在钢筋工程中,了解"前台"(钢筋的绑扎与安装)和"后台"(钢筋的制作、成型)之间是怎样配合施工的。

2.到建筑工程施工现场,参观各种结构构件钢筋的绑扎与安装,了解其工序与其他工种是怎样配合施工的。

3.到建筑工程施工现场,了解混凝土保护层垫块的种类,同时了解砂浆垫块在工程中能否使用。

4.通过互联网查阅有关钢筋工程施工的规范和施工工艺。

练习作业

1.为保证钢筋的混凝土保护层厚度,在绑扎时需采取哪些措施?

2.试述梁、板、柱钢筋的模内绑扎施工工艺过程。

6.2 钢筋网、钢筋骨架的预制及安装

问题引入

钢筋网的预制绑扎多用于小型构件,因此钢筋网多在模内或工作台上预制,而钢筋骨架采用预制绑扎的方法比模内绑扎效率高、质量好。那么,钢筋网和钢筋骨架是怎样形成的? 施工现场又是怎样进行钢筋网安装的?

6.2.1 钢筋网的预制

钢筋网的预制绑扎用于小型构件时,钢筋网的绑扎可在模内或工作台上预制。大型钢筋网片的操作程序为:地坪上画线→摆放钢筋→绑扎。为防止钢筋网片在运输、安装过程中发生歪斜、变形,可采用细钢筋在斜向拉接。

钢筋网片作为单向主筋时,只需将外围两行钢筋的交叉点逐点绑扎,而中间部位的交叉点可隔根呈梅花状绑扎;如钢筋网片用作双向主筋时,应将全部的交叉点绑扎牢固。相邻绑扎点的铁丝扣要成八字形,以免网片歪斜变形。

6.2.2 钢筋骨架的预制

钢筋骨架采用预制绑扎的方法比在现场模内绑扎效率高、质量好。由于骨架的刚性大,在运输、安装时也不易发生变形或损坏。

(1)步骤和方法 以梁为例,钢筋骨架绑扎的步骤和方法如图6.41所示。

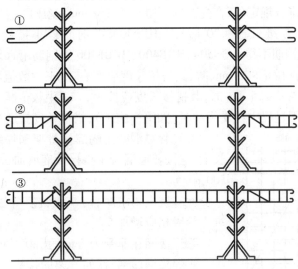

图6.41 钢筋骨架预制绑扎顺序

①布置钢筋绑扎架,安上横杆,并将梁的受拉钢筋和弯起钢筋搁在横杆上。

②从受力钢筋的中部往两边按设计图画上箍筋的间距线,将全部箍筋自受力钢筋的一端套入,并按线距摆开,与受力钢筋绑扎好。

③升高钢筋绑扎架,穿入架立钢筋,并随即与箍筋绑扎牢固。抽去横杆,钢筋骨架落地翻身即成预制好的钢筋骨架。

上述是梁的钢筋骨架的绑扎步骤,其他钢筋骨架的绑扎步骤可参照此法。

(2)在绑扎钢筋骨架时注意事项

①一般柱和梁中的箍筋应与主筋垂直(设计有特殊要求者除外)。

②箍筋的转角与其他钢筋的交点均应绑扎,但箍筋的平直部分与钢筋的相交点可呈梅花状交错绑扎。

③箍筋的弯钩叠合处应错开绑扎。即柱中四角错开绑扎,不要都绑在同一根主筋上;梁中应交错绑扎在不同的架立钢筋上。

④骨架的绑扣,在相邻两个绑点应呈八字形,以防骨架倾斜变形。

⑤钢筋骨架预制绑扎时要注意保持外形尺寸正确,避免入模安装困难。

⑥在保证质量、提高工效、加快进度、减轻劳动强度的原则下,研究预制方案。方案应分清预制部分和模内绑扎部分,以及两者相互的衔接,避免后续工序施工困难甚至造成返工现象。

6.2.3　预制钢筋网、钢筋骨架的安装

(1)预制焊接钢筋网、钢筋骨架安装的要求

①预制焊接钢筋网、钢筋骨架的搭接接头,不宜位于构件的最大弯矩处。

②受拉焊接钢筋网、钢筋骨架在受力钢筋方向的搭接长度,应符合规定:

● 搭接长度除应符合规定外,在受拉区不得小于 250 mm,受压区不得小于 200 mm。

● 当混凝土强度等级低于 C20 时,对 HPB300 级钢筋最小搭接长度不得小于 $40d$;HRB335、HRBF335 级钢筋不得小于 $50d$,HRB400、HRBF400 级钢筋不宜采用。

● 当月牙纹钢筋直径 $d > 25$ mm 时,其搭接长度应按表 3.11 中数值增加 $5d$ 采用。

● 当螺纹钢筋直径 $d \leqslant 25$ mm 时,其搭接长度应按表 3.11 中数值减小 $5d$ 采用。

● 当混凝土在凝固过程中易受扰动时(如滑模施工),搭接长度宜适当增加。

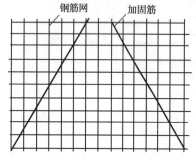

图 6.42　绑扎钢筋网的临时加固

● 轻骨料混凝土的焊接骨架和焊接网绑扎接头的搭接长度,应按普通混凝土搭接长度增加 $5d$(冷拔低碳钢丝增加 500 mm)。

● 有抗震要求时,对一级抗震等级相应增加 $10d$,二级抗震等级相应增加 $5d$。

③焊接网在非受力方向的搭接长度宜为 100 mm。

④焊接钢筋网、钢筋骨架的接头采用电弧焊时,应遵守电弧焊的有关规定。

(2)绑扎钢筋网、钢筋骨架安装的注意事项

①按图施工对号入座,要特别注意节点组合处的交错、搭接符合原定的施工方法。

②为防止钢筋网、钢筋骨架在运输及安装过程中发生歪斜变形,应采取可靠的临时加固措施,如图6.42、图6.43 所示。

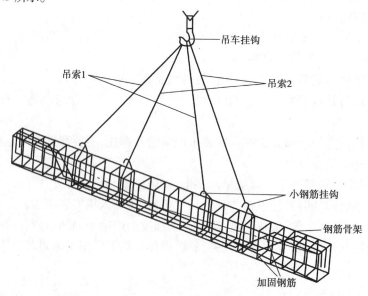

图 6.43　钢筋骨架起吊

③正确选择吊点和吊装法,确保吊装过程中钢筋网、钢筋骨架不歪斜变形。

• 较短的钢筋骨架,可采用两端带小挂钩的吊索,在骨架距两端 $1/5l$ 处兜系起吊,如图 6.44(a)所示;较长的骨架可采用 4 根吊索,分别兜系在距端头 $1/6l$ 和 $1/3l$ 处,使 4 个吊点均衡受力。长度大、刚度差的钢筋骨架宜采用如图 6.44(b)所示的铁扁担四点起吊方法。

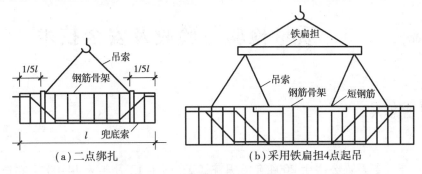

图 6.44　钢筋骨架的绑扎起吊

• 为了防止吊点处的钢筋受力变形,可采用兜底吊或如图 6.45 所示的加横吊梁起吊钢筋骨架的方法。

预制钢筋网、钢筋骨架放入模板后,应及时按要求垫好规定厚度的保护层垫块。

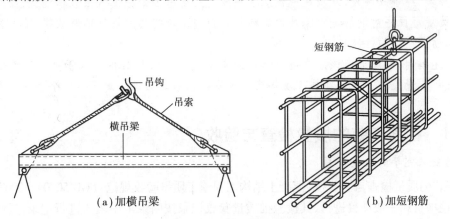

图 6.45　加横吊梁起吊钢筋骨架

参观施工现场预制钢筋网和钢筋骨架的绑扎与安装,了解其安装方法。

6.3 质量检验与验收及安全技术

问 题引入

某市汽车改装厂办公楼于2004年6月完工,在同年12月某天14:00左右该办公楼屋面带挂板大挑檐悬挑部分根部突然断裂,幸好未造成人员伤亡。该工程为5层框架结构,建筑面积为6 325 m²,设计单位为该市建筑设计勘察院,施工单位为该市一个建筑资质为二级的建筑公司通过招标承建,监理单位为该市某监理公司,建设单位在开工前已按建设程序办理了工程质量监督手续。经事故调查,发现造成该质量事故的主要原因是施工队伍管理混乱,操作工人素质差,未按规定程序对钢筋进行隐蔽检查验收。在施工时将受力钢筋位置放错,使悬臂结构受拉区无钢筋而产生脆性破坏。

针对上述事例,钢筋工应该怎样进行钢筋质量检查和验收?其内容有哪些?钢筋安装好后应怎样进行质量检验?我们在施工现场绑扎和安装钢筋时应该注意哪些安全事项?

6.3.1 钢筋安装的质量检查与验收

1)钢筋安装完毕的检查项目

钢筋安装的质量检查与验收按《混凝土结构工程施工质量验收规范》(GB 50204—2002,2011年版)的主控项目和一般项目进行,其检验批质量验收记录按附录1中表3进行记录,具体内容如下:

(1)是否符合设计要求 根据设计图纸检查钢筋的规格、形状、尺寸、数量、间距、锚固长度、接头位置等是否符合设计要求,尤其要注意分布筋的位置是否正确。

(2)钢筋搭接长度及保护层厚度 检查钢筋的搭接长度和保护层厚度是否符合要求。

(3)钢筋是否牢固 检查钢筋绑扎是否牢固,有无松动变形现象。

(4)钢筋表面是否清洁 钢筋表面必须清洁,不允许有油污、漆污和颗粒状或片状老锈。

(5)验收钢筋和预埋件 钢筋工程属于隐蔽工程,在混凝土灌注以前应对钢筋及预埋件进行验收,并做好隐蔽工程记录。

2)钢筋安装质量标准及检验方法

钢筋安装位置的允许偏差和检验方法应符合表6.2的要求。

表6.2　钢筋安装位置的允许偏差和检验方法

项　目			允许偏差/mm	检验方法
绑扎钢筋网	长、宽		±10	钢尺检查
	网眼尺寸		±20	钢尺量连续三档,取最大值
绑扎钢筋骨架	长		±10	钢尺检查
	宽、高		±5	钢尺检查
受力钢筋	间距		±10	钢尺量两端、中间各一点
	排距		±5	取最大值
	保护层厚度	基础	±10	钢尺检查
		柱、梁	±5	钢尺检查
		板、墙、壳	±3	钢尺检查
绑扎箍筋、横向钢筋间距			±20	钢尺量连续三档,取最大值
钢筋弯起点位置			20	钢尺检查
预埋件	中心线位置		5	钢尺检查
	水平高差		+3,0	钢尺和塞尺检查

注:①检查预埋件中心线位置时,应沿纵、横2个方向量测,找到其中的较大值。

②表中梁类、板类构件上部纵向受力钢筋保护层厚度的合格点率应达到90%及以上,且不得有超过表中数值

1.5倍的尺寸偏差。

《混凝土结构工程施工质量验收规范》(GB 50204—2002,2011年版)中规定钢筋安装的质量检查与验收按主控项目和一般项目进行。

(1)主控项目

钢筋安装时,受力钢筋的品种、级别、规格和数量必须符合设计要求。

检查数量:全数检查。

检验方法:观察,钢尺检查。

说明:受力钢筋的品种、级别、规格和数量对结构构件的受力性能有重要影响,必须符合设计要求。本条为强制性条文,应严格执行。

(2)一般项目

钢筋安装位置的偏差应符合表6.2的规定。

检查数量:在同一检验批内,对梁、柱和独立基础,应抽查构件数量的10%,且不少于3件;对墙和板,应按有代表性的自然间抽查10%,且不少于3间;对大空间结构,墙可按相邻轴线间高度5 m左右划分检查面,板可按纵、横轴线划分检查面,抽查10%,且均不少于3面。

说明:本条规定了钢筋安装位置的允许偏差。梁、板类构件上部纵向受力钢筋的位置对结构构件的承载能力和抗裂性能等有重要影响。由于上部纵向受力钢筋移位而引发的事故通常较为严重,应加以避免。本条通过保护层厚度偏差的要求,对上部纵向受力钢筋保护层厚度偏差的合格点率要求为90%及以上。对其他部位,表中所列保护层厚度的允许偏差合格点率要求仍为80%及以上。

6.3.2 钢筋绑扎与安装的质量通病及防治措施

1)钢筋骨架外形尺寸不准

在模板外绑扎成型的钢筋骨架,安装时出现模板内放不进去或保护层过厚等问题,说明钢筋骨架外形尺寸不准确,其原因包括两个方面:一是加工过程中各号钢筋外形不正确;二是安装质量不符合要求。

(1)原因 安装质量不符合要求主要表现是:多根钢筋端部未对齐;绑扎时,某号钢筋偏离规定位置。

(2)防治 绑扎时将多根钢筋端部对齐,防止钢筋绑扎偏斜或骨架扭曲。对尺寸不准的骨架,可将导致尺寸不准的个别钢筋松绑,重新安装绑扎,切忌用锤子敲击,以免其他部位的钢筋发生变形或松动。

2)保护层厚度不准

(1)原因 垫块厚度不准或垫块数量和位置不符合要求或使用易碎淘汰垫块。

(2)防治 根据工程需要,分门别类地生产各种规格的垫块,其厚度应严格控制,使用时应对号入座,切忌乱用。垫块的放置数量和位置应符合施工规范的要求,并且绑扎牢固。在混凝土浇筑过程中,在钢筋网片有可能随混凝土浇捣而沉落的地方,应采取措施,防止保护层偏差。浇捣混凝土前发现保护层尺寸不准时,应及时采取补救措施。如用铁丝将钢筋位置调整后绑吊在模板楞上,或用钢筋架支托钢筋,以保证保护层厚度准确。同时不使用易碎垫块(如砂浆垫块等)。

3)墙柱外伸钢筋位移

(1)原因 钢筋安装后固定钢筋的措施不可靠而产生位移。

(2)防治 钢筋安装合格后,在其外伸部位加一道临时箍筋,然后用固定铁卡或方木固定,确保钢筋不外移。在浇捣混凝土时注意观察,如发现钢筋位移,应及时修整。在浇捣混凝土时应尽量不碰撞钢筋。混凝土浇捣完应再检查一遍,发现钢筋位移处应及时补救。

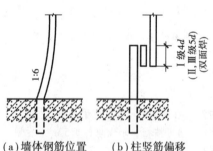

(a)墙体钢筋位置　(b)柱竖筋偏移

图6.46 钢筋位置偏移调整示意图

当钢筋已发生明显的位移时,处理方法须经设计人员同意。一般可采取如图6.46所示的方法调整钢筋,使钢筋到达设计位置。墙上竖筋应按不大于1:6坡度进行调整,如图6.46(a)所示。采用垫层筋焊接调整时,垫筋的双面焊缝长度 HPB300 级钢筋不少于 $4d$,HRB335、HRBF335、HRB400、HRBF400、HRB500、HRBF500 级钢筋不少于 $5d$,如图6.46(b)所示。

4)钢筋的搭接长度不够

(1)原因 现场操作人员对钢筋搭接长度的要求不了解或虽了解但执行不力。

(2)防治 提高操作人员对钢筋搭接长度必要性的认识和掌握搭接长度的标准;操作时

对每个接头应逐个测量,检查搭接长度是否符合设计和规范要求。

5)钢筋接头位置错误或接头过多

(1)原因　不熟悉有关绑扎、焊接接头的规定。例如,造成如图6.47(a)所示的柱箍筋接头位置同向。此外,配料人员配料时,疏忽大意,没分清钢筋处于受拉区还是受压区,造成同截面钢筋接头过多。

(2)防治

①配料时应根据库存钢筋的情况,结合设计要求,决定搭配方案。

②当梁、柱、墙钢筋的接头较多时,配料加工应根据设计要求预先画施工图,注明各号钢筋的搭配顺序,并根据受拉区和受压区的要求正确决定接头位置和接头数量。

③现场绑扎时,应事先详细交底,以免放错位置。

若发现接头位置或接头数目不符合规范要求,但未进行绑扎,应再次制订设置方案;已绑扎好的,一般情况下应拆除钢筋骨架,重新确定配置绑扎方案再行绑扎。如果个别钢筋的接头位置有误,可以将其抽出,返工重做。图6.47(b)所示为柱箍筋接头的正确绑法。

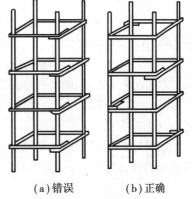

(a)错误　　(b)正确

图6.47　柱箍筋接头位置

6)箍筋的间距不一致

(1)原因　图纸上所注间距为近似值,按此近似值绑扎,则箍筋的间距和根数有出入。此外,操作人员绑扎前不按规定放线,只按大概尺寸绑扎,也多造成间距不一致。

(2)防治　绑扎前应根据配筋图预先算好箍筋的实际间距,并画线作为绑扎时的依据。已绑扎好的钢筋骨架发现箍筋间距不一致时,可以做局部调整或增加1或2根箍筋。

7)弯起钢筋的放置方向错误

(1)原因　事先没有对操作人员认真地交底,造成操作错误,或者钢筋骨架入模时,疏忽大意,造成如图6.48所示的弯起钢筋方向错误。

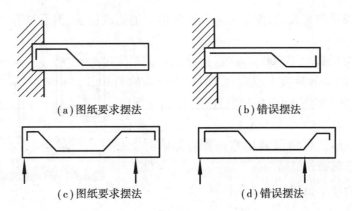

(a)图纸要求摆法　　　　　　　　(b)错误摆法

(c)图纸要求摆法　　　　　　　　(d)错误摆法

图6.48　弯起钢筋方向错误

(2)防治　事先应对操作人员做详细的讲解,并加强检查与监督,或在钢筋骨架上挂提示牌,提醒安装人员注意。

这类错误有时难以发现,造成工程隐患。已发现的必须坚决拆除改正,已浇筑混凝土的构件必须逐根凿开检查,通过构件受力条件计算,确定构件是否报废或降级使用。

8)钢筋遗漏

(1)原因 施工管理不严,没有事先熟悉图纸,各号钢筋的安装顺序没有精心安排,操作前未做详细交底。

(2)防治 绑扎钢筋前须熟悉图纸,并按钢筋材料表核对配料单和料牌,检查钢筋的规格、数量是否齐全、准确。在熟悉图纸的基础上,仔细研究各号钢筋绑扎安装顺序和步骤。在钢筋绑扎前应对操作人员详细交底。钢筋绑扎完毕,应仔细检查并清理现场,检查有无漏绑和遗留现场的钢筋。

漏绑的钢筋必须设法全部补上,简单的骨架将遗漏的钢筋补绑上去即可;复杂的骨架要拆除部分成品才能补上。对已浇筑混凝土的结构或构件,发现钢筋遗漏,要会同设计单位通过结构性能分析来确定治理方案。

9)钢筋网主、负筋位置放反

(1)原因 操作人员缺乏必要的结构知识,操作疏忽,使用时分不清主筋和分布筋的位置,不加区别地随意放入模内,如图6.49所示。

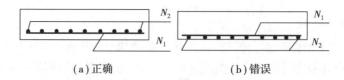

(a)正确   (b)错误

图6.49 主、负筋位置

(2)防治 布置这类结构或构件的绑扎任务时,要向有关人员和直接操作者讲明。对已放错方向的钢筋,未浇筑混凝土的要坚决改正;已浇筑混凝土的必须通过设计单位复核后,再决定是否采取加固措施或减轻外加荷载。

10)梁的箍筋被压弯

(1)原因 当梁很高大时,图纸上未设纵向构造钢筋或拉筋,箍筋被骨架的自重或施工荷载压弯。

(2)防治 当梁高大于700 mm时,在梁的两侧沿高度每隔300~400 mm设置1根直径不小于10 mm的纵向构造钢筋。纵向构造钢筋用拉筋连接,如图6.50所示。

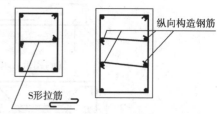

图6.50 纵向构造钢筋用拉筋连接

箍筋已被压弯时,可将箍筋压弯钢筋骨架临时支上,补充纵向构造钢筋和拉筋。

11)结构或构件中预埋件遗漏或错位

(1)原因 施工时,没有认真熟悉图纸中预埋件的位置和数量;操作人员不知道该安放什么预埋件;安错位置;安放位置正确但加固不好。

（2）防治　要对操作人员做专门的技术交底，明确安放预埋件的品种、规格、位置与数量，并事先确定加固方法。在浇筑混凝土时，振捣器不要碰撞预埋件。有关人员应相互配合，发现错位或损坏应及时纠正或补救。

12）拆模后露筋

（1）原因　垫块布置太稀或脱落；钢筋骨架外形尺寸不准而局部挤触模板；振捣器碰撞钢筋，使钢筋位移松绑而挤靠模板；操作者责任心不强，造成漏振的部位露筋。

（2）防治　每 1 m 左右加绑带铁丝的垫块或塑料卡，避免钢筋紧靠模板而露筋。在钢筋骨架安装尺寸有误差的地方，应用铁丝将钢筋骨架拉向模板，用垫块挤牢，如图 6.51 所示。

已产生露筋的地方，范围不大的可用水泥砂浆堵抹。露筋部位混凝土有麻面者，应凿除浮渣，清洗基面，用水泥砂浆分层抹平压实。

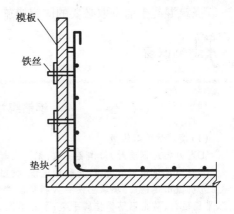

图 6.51　露筋防治

重要受力部位及较大范围的露筋，应会同设计单位，经技术鉴定后确定补救办法。

13）案例

2005 年 7 月的一天凌晨两点左右，某大学学生楼发生一起 6 层悬臂式雨篷根部突然断裂的质量事故，雨篷悬挂在墙面上，幸好未造成人员伤亡。该工程为 6 层砖混结构，建筑面积为 5 624 m²，经事故调查，发现造成该质量事故的主要原因是施工队伍管理混乱，操作工人素质差，在施工时将受力钢筋位置放错，使悬臂结构受拉区无钢筋而产生脆性破坏。

（1）原因分析

①施工队伍管理混乱，操作工人素质差；钢筋工班组和其他工种未认真进行工序交接检查，未落实"三检"制度；施工技术人员未进行隐蔽工程检查与验收是造成质量事故的主要原因。

②在施工时，施工人员不熟悉图纸，仅凭自己的感觉施工是造成质量事故的又一原因。

③雨篷板的受拉主钢筋位置不准是造成质量事故的直接原因。经现场查看，发现受拉区主钢筋不在板上部而在板下部，位置错误，引起倒塌。如图 6.52 所示。

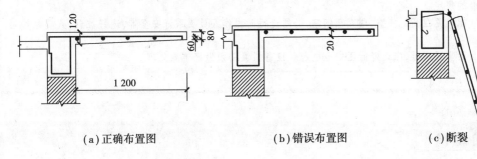

（a）正确布置图　　　　（b）错误布置图　　　　（c）断裂

图 6.52　雨篷事故示意图

（2）预防措施

①施工人员要认真阅读施工图。

②认真执行工序之间的"三检"制度。

③认真执行隐蔽工程的质量检验与验收。

④施工技术人员要对施工班组进行技术交底,并形成常规制度。

⑤浇筑混凝土前采取必要的固定措施,以保证施工时钢筋不发生位移。

 识窗

钢筋绑扎与安装安全技术

(1)钢筋运输与堆放

①人力抬运钢筋时,动作要一致,无论在起落、停止时,还是在上下坡道或拐弯时,都要相互呼应。

②搬运及运输钢筋时,防止碰触电线,钢筋与高压线路或带电体间的安全距离,以相关规定为准。

③机械吊运钢筋,现场应设专人指挥。严格按机械额定起重能力控制吊装重量,吊运时应捆绑牢靠,平稳运行,防止钢筋钩挂脚手架;吊物垂直下方,禁止有人停留。

④用人力垂直运送钢筋时,应预先搭设马道,并加护身栏。若采用人工垂直拉运钢筋,应搭设接料平台,加设护身栏,还须事先检查绳索滑轮及绑扣等机具是否牢固。上边接料人员应系好安全带,且必须在护身栏内操作。

⑤堆放钢筋及骨架应整体平稳,下垫楞木。堆放带有钢筋的半成品,最上一层钢筋的弯钩不应朝上。

(2)钢筋的绑扎与安装

①在深基础绑扎钢筋时,上下基槽应搭设临时马道,马道上不准堆料。往基坑内传递材料时应明确联系信号,禁止向下投掷。

②绑扎、安装钢筋骨架前应检查模板、支柱及脚手架的牢固程度。绑扎圈梁、挑檐、外墙等处的钢筋时,应有外架子和安全网。

③绑扎柱子或其他构件钢筋,高度超过4 m时,必须搭设正式操作架子,禁止攀登钢筋骨架进行操作。柱子骨架高度超过5 m时,在骨架中间应加设支撑拉柱,加以稳定。

④绑扎矩形梁时,先在上口搭设楞木,绑完后抽出楞木,慢慢落下。在平地上预制骨架,应架设临时支撑,保持稳定。

⑤绑扎1 m高度以上的大梁时,应先立起一面侧模,再绑扎钢筋。

⑥不准在绑完的平台钢筋上面踩踏行走。

⑦利用机械吊装钢骨架,应有专人指挥,骨架下禁止站人。就位人员必须待骨架降到1 m以内方可靠近扶助就位。长梁两端人员应相互联系,落实后方可摘钩。钢筋与带电体及其他建筑物的距离,应符合部颁标准的规定。

⑧尽可能避免在高处修整、调直粗钢筋,必须进行时操作人员要系好安全带,选好位置,人要站稳后才能操作。

⑨作业面需照明时,应选好低压安全电源。设备机具必须做好绝缘处理。

活动建议

1.参观施工现场,了解钢筋绑扎与安装工程中常有哪些质量通病,怎样预防。

2.参观施工现场,了解钢筋绑扎与安装工程的质量检验与验收批记录表是怎样填写的。

3.参观施工现场,确定钢筋工程是否要进行隐蔽验收,其验收的内容有哪些。

练习作业

1. 钢筋工程质量检验评定标准内容有哪些? 如何进行质量自检?
2. 钢筋的绑扎与安装容易出现哪些质量问题? 在施工中如何进行预防?
3. 钢筋的隐蔽检查有哪些内容?

学习鉴定

1. **是非题**(对的画"√",错的画"×")

(1)钢筋混凝土板内的上部负筋,是为了避免板受力后在支座上部出现裂缝而设置的受拉钢筋。　　　　　　　　　　　　　　　　　　　　　　　　　　　　(　)

(2)钢筋保护层的作用是防止钢筋生锈、保证钢筋与混凝土之间有足够的粘结力。(　)

(3)绑扎钢筋一般采用 20 ~ 22 号铁丝作为绑丝。　　　　　　　　　　　　(　)

(4)绑扎双层钢筋时,先绑扎立模板一侧的钢筋。　　　　　　　　　　　　(　)

(5)钢筋混凝土的钢筋主要在受压区工作,而混凝土则在受拉区工作。　　　(　)

(6)楼板钢筋绑扎,应先摆分布筋,后摆受力筋。　　　　　　　　　　　　(　)

(7)配置双层钢筋时,底层钢筋弯钩应向下或向右,预层钢筋则向上或向左。(　)

(8)施工前应熟悉施工图纸,除提出配筋表外,还应该核对加工厂送来的成型钢筋钢号、直径、形状、尺寸、数量是否与料牌相符。　　　　　　　　　　　　　　　(　)

(9)钢筋组装完毕后,应立即进行"三检"。　　　　　　　　　　　　　　(　)

(10)绑扎接头在搭接长度区内,搭接受力筋占总受力钢筋的截面积不得超过 25%,受压区内不得超过 50%。　　　　　　　　　　　　　　　　　　　　　　　(　)

2. **选择题**

(1)钢筋网受力钢筋的摆放_____。

　　A. 钢筋放在下面时,弯钩朝上　　　　　B. 钢筋放在下面时,弯钩朝下

　　C. 钢筋放在上面时,弯钩朝上　　　　　D. 钢筋放在上面时,弯钩朝下

(2)墙体钢筋绑扎时_____。

　　A. 先绑扎先立模板一侧的钢筋,弯钩要背向模板

　　B. 先绑扎先立模板一侧的钢筋,弯钩要面向模板

　　C. 后绑扎先立模板一侧的钢筋,弯钩要背向模板

D. 后绑扎先立模板一侧的钢筋,弯钩要面向模板

(3)墙体受力筋间距的允许偏差值为_____。

    A. ±5 mm   B. ±20 mm   C. ±10 mm   D. ± 15 mm

(4)在受力钢筋直径的35倍范围内(不小于500 mm),一根钢筋_____接头。

    A. 只能有1个   B. 不能多于2个   C. 不能多于3个   D. 不能有接头

(5)钢筋绑扎后,外型尺寸不合格,应采取的措施是_____。

    A. 用小撬杠扳准确   B. 用锤子敲正

    C. 将尺寸不准的部位松,重绑扎   D. 可以不管它

(6)钢筋绑扎,箍筋间距的允许偏差是_____ mm。

    A. ±20   B. ±15   C. ±10   D. ±5

(7)浇筑混凝土时,应派钢筋工_____,以确保钢筋位置准确。

    A. 在现场值班   B. 施工交接   C. 现场交接   D. 向混凝土工提出要求

(8)绑扎独立柱时,箍筋间距的允许偏差为±20 mm,其检查方法是_____。

    A. 用尺连续量三档,取其最大值   B. 用尺连续量三档,取其平均值

    C. 用尺连续量三档,取其最小值   D. 随机量一档,取其数值

(9)对于双向双层板钢筋,为确保筋体位置准确,要垫_____。

    A. 木块   B. 垫块   C. 铁马凳   D. 钢筋凳

(10)在设置柱子主筋保护层的厚度时,垫块应绑在主筋_____。

    A. 外侧   B. 内侧   C. 之间   D. 箍筋之间

3. 简答题

(1)绑扎梁柱节点钢筋的操作顺序及注意问题是什么?

(2)现浇框架钢筋绑扎应注意哪些安全事项?

(3)钢筋保护层不准的原因及防治措施有哪些?

(4)现浇框架板钢筋绑扎操作工艺是什么?

(5)钢筋绑扎安装完毕,应从哪几方面进行检查?

钢筋一面扣绑扎法训练

1.训练目的

掌握常用的钢筋绑扎方法。

2.训练要求

自行取材,进行一面顺扣绑扎法的练习。

3.操作训练

操作时应注意的问题是:

(1)根据被绑钢筋直径选择铅丝规格及长度。

(2)根据被绑钢筋在构件中的不同作用和位置,选择相适宜的绑扎方法。

(3)注意操作安全。

4.训练所需资源

(1)材料:钢筋($\phi6$、$\phi8$、$\Phi10$、$\Phi12$)若干根;铅丝(20~22号)等。

(2)工具:绑扎钩,角尺,手锤等。

5.训练时间

4课时。

6.评分

钢筋绑扎练习的评分见表6.3。

表6.3 钢筋绑扎练习评分表

序 号	评分项目	满 分	实得分	备 注
1	绑扎方法正确	40		
2	绑扎牢固	20		
3	绑扎熟练	20		
4	安全操作	10		
5	综合印象	10		
	合 计	100		

框架梁钢筋骨架绑扎训练

1.训练目的

掌握框架梁钢筋骨架的绑扎方法。

2.训练要求

按图6.53所示,进行框架梁钢筋骨架下料、弯制及绑扎练习。

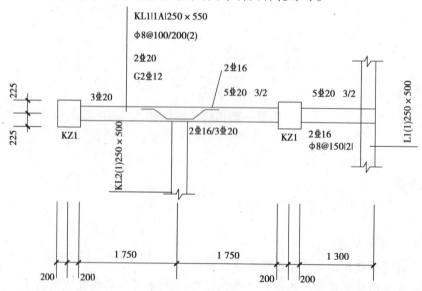

KL1(1A)配筋图

图6.53 梁的配筋图

注:某建筑工程框架梁局部配筋图如图所示,请完成 KL1(1A)钢筋配料单,并下料加工绑
扎钢筋骨架。已知:①梁柱混凝土等级均为C30,混凝土保护层均为20 mm;②抗震等级三
级;③钢筋锚固情况参照11G101-1图集;④图纸尺寸均以 mm 为单位。

3.训练所需资源

(1)材料:钢筋(φ8、⾪12、⾪16、⾪20),铅丝(20号)。

(2)工具及设备:绑扎钩、绑扎架、卡盘、钢筋扳手、撬棍、卷尺、角尺、钢筋切割机、钢筋弯曲机、钢筋弯箍机等。

4.操作训练

操作时应注意的问题是：

(1)梁中的箍筋应与主筋垂直。

(2)绑扎时,纵向钢筋间距可点划在两端绑扎架的横杆上,箍筋间距点划在两侧的纵向钢筋上。

(3)箍筋与钢筋的交接点均应绑扎。

(4)箍筋弯钩的叠合处,应交错绑扎在不同的架立钢筋上。

(5)骨架的绑扎,在相邻的两绑扎点上应成八字形,不要互相平行,以防止骨架发生歪斜。

5.训练时间

4课时。

6.评分

梁钢筋骨架绑扎的评分见表6.4。

表6.4　梁钢筋骨架绑扎评分表

序　号	评分项目	满　分	实得分	备　注
1	钢筋下料、计算	20		
2	钢筋弯制	20		
3	钢筋绑扎	40		
4	安全操作	10		
5	综合印象	10		
	合　计	100		

 学评估

见本书附录或光盘。

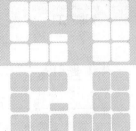

7 钢筋班组管理

本章内容简介

钢筋班组管理的作用与内容

钢筋班组的技术管理和质量管理

钢筋班组的安全、成本和料具管理

本章教学目标

熟悉钢筋班组的技术、质量和安全管理

熟悉钢筋班组的劳动管理和料具管理

了解钢筋班组建设

题引入

在钢筋施工现场,各工序间能否较好地协作,很大程度上取决于是否进行了有效的班组管理。那么,钢筋班组管理的作用有哪些? 怎样进行班组管理呢? 下面,就带大家一起了解钢筋的班组管理。

7.1 钢筋班组管理的作用与内容

7.1.1 基本概念

(1)施工管理 施工管理是为达到预定目标,对施工活动进行有目的地计划、组织、协调和控制,它包括在施工过程中运用各种施工方法和手段,按照施工规律合理组织生产力。

(2)钢筋班组管理 钢筋班组管理是为达到优质、高效、低成本、安全生产、文明施工等目的,对钢筋工程施工过程所进行的一系列管理活动的总称。

(3)施工程序 施工程序是指在工程建设项目的整个施工过程中,各项工作所应遵循的先后顺序,它反映了施工过程中的客观规律。实践证明,坚持施工程序,按建筑产品的客观规律组织施工,是高质、高效从事建筑产品生产的重要手段;而违反施工程序,就会造成重大事故和经济损失。

知●识窗

钢筋班组承接施工任务的程序

钢筋班组承接施工任务的程序,从承接施工任务开始到竣工验收为止,可分为以下5个步骤进行:

①承揽施工任务,签订施工合同;

②全面统筹安排,做好施工规划;

③落实施工准备工作,提出开工报告;

④精心施工,加强各项管理;

⑤进行工程验收,交付使用。

7.1.2 钢筋班组管理的作用

从总体看,钢筋班组管理的作用是:从钢筋工程施工全局出发,遵循施工过程的客观规律,合理地进行施工,在保证质量、安全的条件下,达到工期最优,成本合理的预定目标。具体讲,主要体现在以下几个方面:

①按科学的施工程序组织钢筋工程施工,建立正常的生产秩序。

②确定施工中的关键工序,对其重点控制。

③协调班组中各成员、各分工种之间的合作关系。

④保证施工按计划有序地进行。

⑤合理组织、准备和调配人力、物资等资源,优化资源配置。

7.1.3 钢筋班组管理的原则和内容

主要有以下几点原则:

①认真贯彻党和国家在基本建设方面的各项方针和政策。

②严格遵守合同规定的交付使用期限。

③合理安排施工程序,科学地组织施工。

④尽量采用先进的施工方法,科学地确定施工方案。

⑤充分利用现有机械设备,扩大机械化施工范围。

⑥尽量降低工程成本,提高经济效益。

⑦安全生产,质量第一。

钢筋班组管理的工作内容主要包括:钢筋班组技术管理、质量管理、安全管理、劳动和料具管理等。

7.2 钢筋班组的技术管理

技术管理是开展各项技术活动所必须遵循的工作准则。建立和健全技术管理制度,是钢筋班组搞好技术管理工作的重要保证。钢筋班组的技术管理主要包括以下内容:

7.2.1 建立图纸会审制度

图纸会审,是指在施工前由钢筋班班长召集有关技术骨干共同对图纸进行审查的工作。其目的是为了领会设计意图,熟悉施工图纸的内容,明确技术要求,及早发现并消除图纸中的错误,以便正确无误地进行施工。

7.2.2 建立技术交底制度

技术交底是施工企业技术管理的重要组成部分,它包括施工技术交底和安全技术交底。表7.1和表7.2为钢筋分项工程的交底记录表。建筑施工企业实行三级技术交底,即公司技术负责人向项目管理人员进行技术交底,项目技术负责人向班组长交底,班组长向操作工人进行技术交底。

表 7.1　钢筋分项工程技术交底

工程名称	××建筑安装工程有限公司白沙物资综合楼		施工部位或层次	基础
施工内容	基础、柱钢筋的绑扎	交底项目	钢筋工程	交底日期　2014.1.21

交底内容：

1. 基础

①钢筋网的绑扎。四周两行钢筋交叉应每点扎牢，中间部分交叉点可相隔交错扎牢，但必须保证受力钢筋不移位。双向主筋的钢筋网，则需将全部钢筋相交点扎牢。绑扎时应注意相邻绑扎点的铁丝扣要成八字形，以免网片歪斜变形。

②基础底板采用双层钢筋网时，在上层钢筋网下面应设置钢筋撑脚或混凝土撑脚，以保证钢筋位置正确。钢筋撑脚每隔 1 m 放置一个。其直径选用：当板厚 h≤300 mm 时为 8~10 mm；当板厚 h = 300~500 mm 时为 12~14 mm；当板厚 h > 500 mm 时为 16~18 mm。

③钢筋的弯钩应朝上，不要倒向一边；但双层钢筋网的上层钢筋弯钩应朝下。

④独立柱基础为双向弯曲，其底面短边的钢筋应放在长边钢筋的上面。

⑤现浇柱与基础连接用的插筋，其箍筋应比柱的箍筋缩小一个柱筋直径，以便连接。插筋位置一定要固定牢靠，以免造成柱轴线偏移。

2. 柱

①柱中的竖向钢筋搭接时，角部钢筋的弯钩应与模板成 45°（多边形柱为模板内角的平分角，圆形柱应与模板切线垂直），中间钢筋的弯钩应与模板成 90°。如果用插入式振捣器浇筑小型截面柱，弯钩与模板的角度不得小于 15°。

②箍筋的接头（弯钩叠合处）应交错布置在四角纵向钢筋上；箍筋转角与纵向钢筋交叉点均应扎牢（箍筋平直部分与纵向钢筋交叉点可间隔扎牢），绑扎钢筋时绑扣相互间应成八字形。

③下层柱的钢筋露出楼面部分，宜用工具式柱箍将其收进一个柱筋直径，以利上层柱的钢筋搭接。

④柱钢筋的绑扎，应在模板安装前进行。

交底人：×××　　项目技术负责人：×××　　　　　　　　　　　　　　　　　　年　月　日	接底人：×××　　　　　　　　　　　　　　　　　　年　月　日

执行情况：已按上述交底内容施工。　　　　　　　　　　　　　　　　　　　　　年　月　日

注：本表一式三份，班组自存一份，项目部一份，建筑公司一份。

表 7.2　钢筋分项工程安全技术交底

工程名称	××建筑安装工程公司白沙物资综合楼	施工部位或层次	××
施工内容	钢筋分项工程	交底日期	2014.1.2

安全技术交底内容	①切断机固定和活动刀之间水平间隙控制在0.5~1 mm,断料时活动刀向后退,才可送料入刀口。严禁切烧红的钢筋及超过刀刃硬度的材料。使用前空载试运行,正常后才能使用; ②弯曲机使用前全面检查一次,并空载运转,运转过程不能加油或扫清。弯曲的钢筋不准用弯曲机调直。弯曲钢筋时按规定的钢筋直径、根数进行操作。 ③冷拉机的作业区警示标志、防护栏杆、两端地锚是否有效,防护罩是否牢固,钢丝绳不能有损,符合使用安全才可运作; ④绑扎基础钢筋时按规定摆放支架或马凳架起上部钢筋,不得任意减少,操作前应检查基坑土壁和支撑是否牢固; ⑤绑扎主柱、墙体钢筋,不得站在钢筋前架上操作和攀登骨架上下,柱筋高4 m以上时,应搭设工作台,柱、墙、梁骨架应用临时支撑拉牢,以防倾倒; ⑥高处绑扎和安装钢筋,不得将钢筋集中堆放在模板或脚手架上,尽量避免在高处修整、扳弯钢筋。在必须操作时,应佩戴安全带; ⑦安装绑扎钢筋时,不得碰撞电线,在深基础或夜间施工需要使用移动式行灯照明时,电压不得超过24 V; ⑧验收合格方可进行作业,未经验收或验收不合格不准做下一道工序作业。
施工现场针对性安全交底	①进入施工现场必须遵守安全生产各项规章制度。从事钢筋工程的施工人员必须戴好安全帽和劳保手套,不得穿拖鞋和皮鞋进入施工现场。 ②钢筋骨架不论其固定与否,不得在上行走。 ③起吊钢筋骨架时,下方禁止站人,必须待骨架降到距模板1 m以下方可靠近,就位支撑好摘钩。 ④高空作业时,不得将钢筋集中堆在模板和脚手板上,也不要把工具、箍筋、短钢筋随意放在脚手板上,以免滑下伤人。

交底人签名	×××	接受交底负责人签名	×××	交底时间	年 月 日
作业人员签名			××× ××× ×××		

执行情况:已按以上安全措施施工。

安全员:×××　　年 月 日

注:本表一式三份,班组自存一份,项目部一份,建筑公司一份。

(1)技术交底的目的　技术交底的目的,在于把设计要求、技术要领、施工措施等层层落实到执行者,使其做到"心中有数",以保证工程能够顺序进行。

(2)技术交底的内容　交底工作从上到下逐级进行,交底内容上粗下细,越到基层越具体,一般应涉及实际操作,其主要内容有:

①工程项目的各项技术要求。

②尺寸、轴线、标高、预留孔洞、预埋件的位置等。

③使用材料的品种、规格、等级、质量标准、使用注意事项等。

④施工顺序、操作方法、工种配合、工序搭接、交叉作业的要求。

⑤安全技术。

⑥技术组织措施、产量、质量、消耗、安全指标等。

⑦机械设备使用注意事项及其他有关事项。

（3）技术交底的形式　技术交底的形式是多种多样的,一般采用口头、文字、图表等形式,必要时也可用样板、实际操作等方式进行。对于关键部位和关键工序,必须以书面形式对操作工人进行交底,并在交底中明确具体的操作方法,本着"谁施工,谁负责"的原则,交底必须以被交底人签字的形式进行确认。

7.2.3　建立技术复核制度

技术复核,是指对施工过程中的关键部位,依据有关标准和设计要求进行复查、核对等工作。技术复核的目的是避免在施工中发生重大差错,以保证工程质量。技术复核工作一般是在分项工程施工前进行。钢筋工程技术复核包括材料质量、等级、型号、位置、钢筋搭接长度、接头长度、锚固长度等的复核。

7.2.4　建立材料及构配件检验制度

钢筋工程作为建筑工程构成的主要部分,原材料、构件、零配件和设备的质量直接关系到建设工程质量的好坏,因此必须加强材料及构配件的检验工作,健全试验、检验机制,配备试验设备及人员等,并使检验工作制度化。

对原材料的检查主要分两步:一是检查原材料、构件、零配件和设备的标识情况,对未标识或标识不合格的产品不得使用;二是对钢材进行外观检验,检查钢材的外表是否有锈蚀,是否有结疤和夹杂物,是否起皮和倒刺,线材是否有弯曲现象,钢材在弯曲加工过程中是否出现裂纹、折断现象。

7.2.5　建立工程质量检查及验收制度

钢筋工程质量验收主要包括班组自检、班组互检、工序交接检和质检员专检。自检、互检主要由班组长组织,在本班组范围内进行,由承担检验批、分项工程的工人参加。在施工操作过程中或某段工作完成后,对产品进行自我检查和互相检查,发现问题,及时整改,确保工程质量符合要求。

隐蔽工程验收,是指对那些在施工过程中将被下一道工序掩盖其工作结果的工程项目所进行的及时验收。钢筋工程施工完毕后,必须进行隐蔽前验收,合格后方可进入下一工序施工。

钢筋工程隐蔽验收的内容包括:

①钢筋的品种、规格、数量、位置等。

②钢筋的连接方式、接头位置、接头数量、接头面积百分率等。

③箍筋、横向钢筋的品种、规格、数量、间距等。

④预埋件的规格、数量、位置等。

7.2.6 建立工程技术档案制度

工程技术档案资料应在整个施工过程中建立,如实地反映情况,不得擅自修改、伪造和事后补做。钢筋班组需收集的资料主要有:图纸自审纪录、图纸会审记录、项目部转发的设计变更及技术核定文件、钢筋工各构件配料单、项目部施工管理人员的书面技术交底、材料外观检查纪录、班组工程质量自检记录、工序交接检验记录、隐蔽工程验收单、分部分项工程质量检验记录等,并及时交项目部存档。

练习作业

1. 钢筋班组管理有什么作用?

2. 钢筋班组技术管理一般包括哪些内容?

7.3 钢筋班组的质量管理

钢筋班组质量管理,指班组为了保证和提高产品质量,为用户提供满意的产品而进行的一系列管理活动。它是在明确的质量目标下通过行动方案和资源配置的计划、实施、检查和监督来实现预期目标的过程,是致力于满足质量需求的一系列相关活动。

7.3.1 班组质量管理工作的主要内容

班组质量管理工作应贯穿钢筋工程施工的全过程,是班组全体参与人员的共同责任。其内容主要有以下几个方面:

①认真贯彻国家和上级有关质量工作的方针政策以及各项技术规范标准,以此作为施工质量评定的准绳。

②加强质量教育,对班组人员进行质量意识教育、全面质量管理知识的普及宣传教育以及技术培训方面的教育。

③制订保证工程质量的技术措施,特别在推进新技术、新工艺、新材料中有保证工程质量的技术措施。

④进行工程质量检验,坚持事前控制,预防为主,组织班组自检、互检、交接检。加强施工过程中的检查,做好预检和隐蔽工程检查工作,把质量问题消灭在施工过程中。

⑤建立健全质量管理责任制,在班组内应建立班组长岗位责任制和工人岗位责任制,使每一个人都有明确的责任。

⑥开展质量管理小组活动。质量管理小组是质量管理的群众基础,也是职工参加管理和"三结合"攻关解决质量问题、提高职工素质的一种好形式。

7.3.2 全面质量管理的保证体系

1)全面质量管理的概念

全面质量管理(简称 TQC)是指由企业全员参加,以生产经营全过程为对象,运用现代管理技术和方法,对质量情况进行调查、分析、判断的质量管理。

对于钢筋班组而言,除了要配合上级实施全面质量管理活动,还要在班组内建立起一套完善的质量管理体系,对钢筋工程的施工全过程进行控制。

2)质量保证体系的概念

质量保证体系就是施工企业建立的长期稳定的,能保证工程质量和满足用户要求的系统。

3)质量保证体系的内容

(1)施工准备阶段的质量管理　包括:图纸审查,编制钢筋工程施工组织设计,技术交底,材料的检验,施工机械设备的检修等。

(2)施工过程中的质量管理　包括:施工工艺管理,施工质量检查和验收,质量信息管理,现场文明施工管理。

(3)产品使用阶段的质量管理　包括:定时回访,建立保修制度。

4)质量保证体系的运转形式

质量保证体系必须按照科学的程序进行运转,常用的运转形式有 PDCA 循环控制法、三阶段控制法、三全控制法。

(1)PDCA 循环控制法　如图 7.1 所示。按 PDCA 循环控制法来进行质量目标的控制,是质量目标控制的基本方法,主要分 4 阶段进行控制。

①质量计划 P(PLAN)阶段:该阶段应主要明确目标并制订达到这些目标的具体措施和方法。

②质量实施 D(DO)阶段:就是按照计划和方法去实施。

③检查 C(CHECK)阶段:就是对照计划与执行结果进行各项检查,包括作业者的自检、互检和质检员的专检。各类检查都包含两大方面:一是检查是否严格执行了计划的行动方案,实际条件是否发生了变化,不执行计划的原因;二是检查计划执行的结果,即产出的质量是否达到标准的要求,对此进行确认和评价。

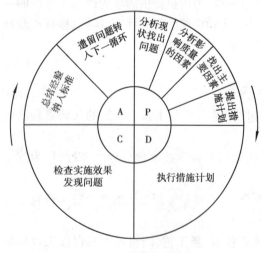

图 7.1　PDCA 循环的内容

④处置 A(ACTION)阶段:该阶段主要是对于质量检查所发现的质量问题或质量不合格品,及时分析原因,采取必要的措施,予以纠正,保持质量形成的受控状态。处置阶段可分纠偏和预防两个步骤,前者是采取应急措施,解决当前的质量问题;后者是将信息反馈管理部门,以便其反思问题症结,为今后类似问题的质量预防提供借鉴。

(2)三阶段控制原理 就是通常所说的事前控制、事中控制和事后控制。这三阶段的控制构成了质量控制的系统过程。

①事前控制:首先制订分部分项工程质量计划或编制分部分项工程施工组织设计或施工项目管理实施规则。以上计划必须建立在切实可行,预期质量目标能有效实现的基础上,作为一种行动方案进行施工部署。

②事中控制:在施工过程中为保证工程质量所进行的一系列约束行为。它包括两部分:首先是操作者为完成预定质量目标而进行的自我行为约束;其次是对质量活动过程和结果,来自他人的监督控制。

在班组管理的质量活动中,通过监督机制和激励机制相结合的管理方法,发挥操作者自我控制能力,以达到质量控制的效果是必要的。

③事后控制:包括对质量活动结果的评价认定和对质量偏差的纠正。当出现质量实际值与目标值之间超出允许偏差时,必须分析原因,采取措施纠正偏差,始终保持质量处于受控状态。

以上 3 个阶段,不是孤立和截然分开的,它们之间层层推进,相互联系,构成有机的质量管理系统,是质量控制的持续改进过程。

(3)三全控制管理 三全是指生产的质量管理应该是全面、全过程和全员参与的。这一原理对钢筋班组的质量控制,同样具有实际的指导意义。

①全面质量控制:在班组管理中是指工程质量和工作质量的全面控制。

②全过程质量控制:是指根据工程质量的形成规律,从源头抓起,全过程推进。在钢筋工程中,主要有采购过程、施工组织与准备过程、检测设备控制与计量过程、施工生产的检验试验过程、钢筋工程质量评定过程、钢筋工程交接验收过程。在质量控制过程中应严格执行质量管理制度,实行工程预检制度。

③全员参与控制:质量控制工作必须落实到班组每一位成员,让他们都关心产品质量,把提高产品质量和本人的工作结合起来,通过全体班组成员的共同努力,提高产品质量。

5)全面质量管理常用的统计分析方法

全面质量管理的方法通常有调查表法、分层法、排列图法、因果分析法。在钢筋工程质量管理中常采用的有排列图法和因果分析法。

(1)排列图法 排列图法是利用排列图寻找影响质量主次因素的一种有效方法。排列图又叫帕累托图或主次因素分析图,它是由两个纵坐标、一个横坐标、几个连起来的直方形和一条曲线所组成。如图7.2所示,左侧的纵坐标表示频数,右侧纵坐标表示累计频率。横坐标表示影响质量的各个因素或项目,按影响程度大小从左至右排列,直方形的高度表示某个因素的影响大小。实际应用中,通常按累计频率划分为(0% ~80%)、(80% ~90%)、(90% ~100%)3 部分,与其对应的影响因素分别为 A,B,C 三类。A 类为主要因素,B 类为次要因素,C 类为一般因素。

(2)因果分析法 因果分析法是利用因果分析图来系统整理分析某个质量问题(结果)与其产生原因之间关系的有效工具。因果分析图(如图7.3所示)也称特性要因图,又因其形状常被称为树枝图或鱼刺图。

在实际施工过程中,主要围绕操作人员、原材料、施工机械、施工方法、施工环境等五大因素进行逐层分析,直至找出直接影响质量的原因为止,并针对该原因采取有效对策。

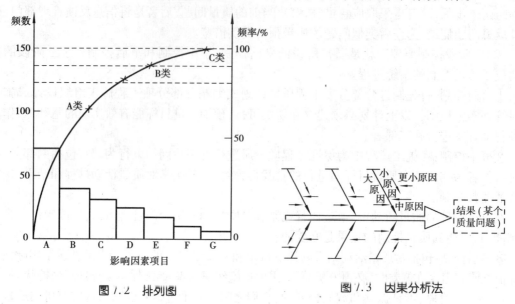

图7.2 排列图

图7.3 因果分析法

提问回答

在钢筋工程施工中如何进行质量控制?

□ 7.4 钢筋班组的安全、成本和料具管理 □

7.4.1 钢筋班组安全管理

小组讨论

如图7.4中所示的情景会发生安全事故吗?你的周围发生了哪些建筑安全事故?

图7.4

安全管理工作是钢筋班组管理工作的重要组成部分,是保证施工生产顺利进行,防止伤亡事故发生,确保安全生产而采取的各种对策、方针和行动等的总称。

1)安全管理的基本要求

①工人上岗前必须签订劳动合同。

②各类作业人员和管理人员必须具备相应的执业资格才能上岗。

③所有新工人必须经过三级安全教育,即公司教育、项目部教育、班组教育。

④重新上岗、转岗应再次接受安全教育。

⑤特殊工种作业人员必须持有特种作业操作证,并严格按照规定定期复查。

⑥对查出的安全隐患要做到"五定",即定整改责任人、定整改措施、定整改完成时间、定整改完成人、定整改验收人。

⑦必须把好安全生产"六关",即措施关、交底关、教育关、防护关、检查关、改进关。

⑧施工现场安全设施齐全,并符合国家及地方有关规定。

⑨施工机械必须经安全检查合格后方可使用。

活动建议

课外链接相关网站:中国建筑安全网、中国安全网。

2)安全技术措施计划的实施

(1)建立安全生产责任制　规定班组各成员在他们各自职责范围内对安全生产负责。

(2)进行安全教育和培训　通过教育和培训,使工人掌握一定的安全知识和技能,树立安全第一的思想,自觉地遵守各项安全生产法律法规和规章制度。

(3)安全技术交底　安全技术交底应落实到班组每一位成员,交底必须具体、明确、针对性强,应告之施工过程中潜在危害和存在问题,以及预防措施等。

(4)加强施工现场安全管理

①在"四口、五临边"及有害气体和液体放置处,应设置明显的安全警示标志。

②施工现场加强安全用电管理。

③施工现场安全纪律,包括:

- 不戴安全帽不准进入施工现场。
- 不准带无关人员进入施工现场。
- 不准赤脚或穿拖鞋、高跟鞋进入施工现场。
- 作业前和作业中不准饮用含酒精的饮料。
- 不准违章指挥和违章作业。
- 无安全防护措施不准进行危险作业。
- 不准在易燃易爆场所吸烟。
- 不准在施工现场嬉戏打闹。
- 不准破坏和污染环境。

④个人劳动保护和安全防护用品的使用规定,包括:

- 进入施工现场必须戴安全帽。

- 高处作业人员必须系有安全带。
- 电焊工必须穿阻燃和防辐射工作服,焊接时须戴电焊面罩。
- 电工作业时必须穿绝缘鞋、戴绝缘手套。
- 从事有毒有害作业应戴护目镜、防毒口罩或防毒面具。
- 射线检测应穿铅防护服或使用铅防护板。
- 不得在尘毒作业场所吸烟、饮水、吃食物;班后、饭前必须洗漱。

钢筋工程安全生产基本常识。

钢筋工程施工安全管理"三字经"

搞施工,百件事,抓安全,列第一。当经理,负首责,严把关。

大小会,讲安全,都落实,是关键。诸条件,要具备,缺措施,须补全。

爱life身,慎助泡,安全员,职权明。严规章,详制度,定责任,强管理。

承发包,订协议,安全条,必确定。招民工,四证齐,新工人,教育先。

上岗前,先交底,钢筋工,须培训。上岗证,带身边,七牌图,挂门口,警示语,随处见。

查安全,勤与严,除隐患,务彻底。谁违章,必纠正;谁违纪,必严惩。

《中华人民共和国建筑法》第 46 条指出:"建筑施工企业应当建立劳动生产教育培训制度,加强对职工安全生产的教育培训;未经安全生产教育培训的人员,不得上岗作业。"

《建筑工程安全生产管理条例》第 36 条指出:"施工单位的主要负责人、项目负责人、专职安全生产管理人员应当经建设行政主管部门或者其他有关部门考核合格后方可任职。施工单位应当对管理人员和作业人员每年至少进行一次安全生产教育培训,其教育培训情况记入个人工作档案。安全生产教育培训考核不合格的人员,不得上岗。"

7.4.2 钢筋班组成本管理

钢筋班组作为施工企业最基本的生产单位之一,它的成本管理是企业成本管理的基础和重要组成部分。

1)成本管理的内容

(1)钢筋工程成本的概念 钢筋工程成本是指完成一定量的钢筋工程所消耗的各种直接费和间接费的总和,是对钢筋工程所付的各种费用的总和。

(2)钢筋工程成本构成 钢筋工程成本一般由直接费和施工管理费用构成。

①直接费:指施工过程中耗费的构成工程实体的各项费用,包括人工费、材料费、施工机械使用费。

● 人工费,是指直接从事钢筋工程的生产工人开支的各项费用。

● 材料费,是指钢筋工程施工过程中耗用的构成工程实体的原材料、辅助材料、构配件、零件、半成品的费用。

● 施工机械使用费,是指施工机械作业所发生的机械使用费以及机械安拆费和场外运费。

②施工管理费:是指组织施工生产和经营管理所需费用,包括管理人员工资、办公费、劳动保险费等。

2)班组成本管理的基础工作

(1)做好原始记录　在施工过程中,各种原始记录是技术经济活动的直接记载,是考核的主要依据。与班组成本管理有关的原始记录,主要有:

①材料方面的原始记录:包括材料限额领料单、材料领用单、半成品委托加工单、材料退库单等。

②施工过程中的原始记录:包括隐蔽工程记录、质量(安全)事故处理报告、变更设计通知单等。

③劳动管理方面:包括施工任务书,工资分配表,考勤记录,停、窝工记录等。

④机械设备方面:包括机械租赁合同、机械使用情况等。

(2)建立各种定额资料　定额是评价班组施工生产活动好坏的尺度之一,因此班组必须做好以下记录:

①工程用料的消耗定额:完成一定量的工程所耗用的各种材料的标准数量。

②劳动定额:完成一定量的工程所需投入的人工数量。

③机械设备使用定额:完成一定工程量所需各种类型机械设备的台班数。

(3)认真搞好计量工作　计量工作是班组进行核算的必要条件,班组在从事施工生产活动中,离不开计量工作。

班组要有计量工具和计量员。计量员要有高度的工作责任感,使各项原始资料真实可靠、准确无误,保证经济核算工作的顺利进行。

3)班组经济核算的方法

(1)劳动效率法　根据工程任务单,按表7.3要求下达任务,用验收表7.4核算结果,其核算结果就是实际劳动效率。

表 7.3　工程任务单

工程任务单编号_____　　　　　　施工单位_____

工程名称_____　　　　　　　　　施工班组_____

工程项目_____

签发日期　年　月　日

施工期限	开　工	竣　工	工　期
计划			
实际			

表7.4 验收单

定额编号	分项工程名称及工作内容	单位	时间定额	定额系数	计 划		验 收					备 注
					工程量	定额工日	工程量	定额工日	实用工日	节约工日	完成/%	

签发及验收　　　审核及结算　　　接受任务　　　质量评定

（工长）_____（定额员）_____（班组长）_____（质检员）_____

（2）材料消耗法　班组按具体的工程对象签发材料定额（限额领料单），以实际耗用量为结果进行核算和比较。

（3）机械费法　班组核算只做好台班即可，将实用台班数与预算台班数比较核算的结果。

班组核算得出的结果要进行对比分析、总结经验、不断改进，使班组管理水平不断提高。

7.4.3　钢筋班组的料具管理

施工现场的料具管理是班组管理的重要内容之一。材料的节约使用和注重保管，工具、用具的使用和注重利用率、完好率等，都是提高经济效益的重要途径。

（1）料具及料具管理的含义　料具是指施工生产过程中所使用的原材料、工具及用具的总称。料具管理是指对施工生产过程中所使用的原材料、工具与用具，围绕着计划、订购、运输、储备、发放及使用等进行的一系列组织与管理工作。

（2）材料管理　进入现场的材料，不可能直接用于工作中，必须经过验收、保管、发料等环节才能被施工生产所消耗。钢筋工程的材料主要指各种类型的钢筋和辅料。

①制订材料的购置、运输、贮存、进场计划并落实执行。

②材料进场时，按型号分批进行外观检查。

③材料进场后，按规定送实验室检验。

④经检验不合格钢筋，严禁使用。

⑤钢筋保管应遮雨，垫高堆放。

（3）机具管理　钢筋工程一般需要如下机具：起重机、钢筋调直机、钢筋弯曲机、钢筋切断机、电焊机、闪光对焊机、套筒挤压机等。

①制订机具设备进、出场计划并根据实际情况及时调整。

②建立机具设备台账、维修记录等技术档案。

③定期对设备进行维护保养，确保设备不"带病工作"。

④严格按照机具设备安全使用的规章制度操作，避免发生事故。

参观建筑工地,了解钢筋工程的班组技术、安全和质量管理。

练习作业

1.班组安全管理包括哪几方面?进入施工现场必须遵守哪些安全规定?

2.班组成本管理的基础工作是什么?

学习鉴定

1.是非题(对的画"√",错的画"×")

(1)材料管理是施工企业管理的重要组成部分。班组的材料管理主要是做好材料计划、验收、使用、保管、统计和校核等工作。　　　　　　　　　　　　　　( )

(2)图纸会审的目的是为了使施工单位、建设单位有关施工人员正确贯彻设计意图,及早纠正图纸差错。　　　　　　　　　　　　　　( )

(3)图纸会审记录具有施工图的同等效力,发放部门、数量与施工图相同。( )

(4)钢筋工人必须经过三级安全教育才能上岗。　　　　　　　　　( )

2.选择题

(1)钢筋工人重新上岗、转岗应再次接受_____。

　　A.质量培训　　　　　B.身体检查　　　　　C.安全教育　　　　　D.办理技术等级证书

(2)大、中、小型机电设备要有_____人员专职操作、管理和维修。

　　A.班长　　　　　B.技术　　　　　C.持证上岗　　　　　D.班组长指定

(3)高处作业人员的身体,要经_____合格后才准上岗。

　　A.自我感觉良好　　　B.班组会议　　　C.医生检查合格　　　D.班组长允许

(4)施工的头等大事是_____。

　　A.工期　　　　　B.质量　　　　　C.安全施工　　　　　D.先进设备

(5)(工料计算)钢筋需用量 = 施工图净用量 ×_____。

　　A.耗损率　　　　　B.(1 + 耗损率)　　　　　C.1.2　　　　　D.1.3

(6)当你走向钢筋工程施工的第一步时,你最关心的是_____。

　　A.工资待遇　　　　　B.安全　　　　　C.健康　　　　　D.不知道

(7)你认为在钢筋工程施工中对安全生产要求_____。

    A.非常重要   B.不重要   C.一般   D.不知道

(8)你认为搞好钢筋班组安全工作的根本措施是_____。

    A.上级检查   B.内部检查   C.提高人员素质   D.不知道

(9)发生建筑施工安全事故后,你认为该怎么办?_____。

    A.逃跑   B.不理睬   C.及时报告   D.不知道

(10)安全生产教育培训考核不合格的人员,_____上岗。

    A.可以   B.不得   C.暂时   D.不知道

3.简答题

(1)钢筋班组管理的有什么作用?

(2)钢筋班组管理的原则是什么?

(3)钢筋班组管理的内容包括哪些?

(4)班组技术交底的内容包括哪些?

(5)钢筋工程成本一般由哪些费用构成?

实习实作

1.训练目的

制订出钢筋班组管理措施。

2.训练要求

(1)以 10 人为一组,每组推选班组长 1 人。

(2)能针对钢筋工程的实际情况,制订出班组管理方面的具体措施。

3.训练所需的主要资源

模拟钢筋班组。

4.训练内容

钢筋班组的技术管理、质量管理、安全管理、劳动管理和料具管理等办法措施的制订。

5.训练时间

2 课时。

6.评分

班组的技术管理、质量管理、安全管理、劳动管理和料具管理训练评分见表7.5。

表 7.5　班组的技术管理、质量管理、安全管理、劳动管理和料具管理训练评分表

序　号	评分项目	满　分	实得分	备　注
1	技术管理	20		按拟订内容老师酌情扣分
2	质量管理	20		
3	安全管理	20		
4	劳动管理	20		
5	料具管理	10		
6	综合印象	10		
7	合　计			

学评估

见本书附录或光盘。

教学评估表

班级：_____ 课题名称：_____ 日期：_____ 姓名：_____

1. 本调查问卷主要用于对新课程的调查，可以自愿选择署名或匿名方式填写。根据自己的情况在相应的栏目打"√"。

评估项目　　　　　　　　　　　评估等级	非常赞成	赞成	无可奉告	不赞成	非常不赞成
1. 我对本课题学习很感兴趣					
2. 教师组织得很好，课前有准备，讲述清楚					
3. 教师运用了各种不同的教学方法来帮助我的学习					
4. 学习内容能够帮助我获得能力					
5. 有视听材料，包括实物、图片、录像等，它们帮助我更好理解教材内容					
6 对该教学内容，教师有丰富的知识					
7. 教师乐于助人、平易近人					
8. 教师能够为学生需求营造合适的学习气氛					
9. 我完全理解并掌握了所学知识和技能					
10. 授课方式适合我的学习风格					
11. 我喜欢这门课中的各种学习活动					
12. 学习活动能够有效地帮助我学习该课程					
13. 我有机会参与学习活动					
14. 每个活动结束都有归纳与总结					
15. 教材编排版式新颖，有利于我学习					
16. 教材使用的文字、语言通俗易懂，有对专业词汇的解释，利于我自学					
17. 教学内容难易程度合适，符合我的需求					
18. 教材为我完成学习任务提供了足够信息					
19. 教材通过提供活动练习使我技能增强了					
20. 我对适应今后的工作岗位所应具有的能力更有信心					

2. 您认为教学活动使用的视听教学设备：

　　合适 □ 　　　　　　太多 □ 　　　　　　太少 □

3. 教师讲述、学生小组讨论和小组活动安排比例：

　　讲课太多 □ 　　　　讨论太多 □ 　　　　练习太多 □

　　活动太多 □ 　　　　恰到好处 □

4. 教学的进度：

　　太快 □ 　　　　　　正合适 □ 　　　　　　太慢 □

5. 活动安排的时间长短：

　　正合适 □ 　　　　　　太长 □ 　　　　　　太短 □

6. 我最喜欢本单元的教学活动是：

7. 本单元我最需要的帮助是：

8. 我对本单元进一步改进教学活动的建议是：

参考文献

［1］刘钦平. 钢筋工初级技能［M］. 北京：高等教育出版社,2005.

［2］张希瞬. 钢筋工［M］. 北京：中国建筑工业出版社,2004.

［3］杭有声. 建筑施工技术［M］. 北京：高等教育出版社,2005.

［4］中华人民共和国建设部. 混凝土结构设计规范（GB 50010—2010）［S］. 北京：中国建筑工业出版社,2010.

［5］中华人民共和国建设部. 混凝土结构工程施工质量验收规范（GB 50204—2002,2011年版）［S］. 北京：中国建筑工业出版社,2011.

［6］中华人民共和国建设部. 钢筋机械连接技术规程（JGJ 107—2010）［S］. 北京：中国建筑工业出版社,2010.

［7］中华人民共和国建设部. 钢筋焊接及验收规程（JGJ 18—2012）［S］. 北京：中国建筑工业出版社,2012.

［8］中华人民共和国建设部. 建筑工程施工质量验收统一标准（GB 50300—2013）［S］. 北京：中国建筑工业出版社,2013.